シュプリンガー数学リーディングス
第11巻

オイラー探検

無限大の滝と12連峰

黒川信重 著

丸善出版

まえがき

　レオンハルト・オイラーは史上最大の数学者です．ちょうど300年前の1707年4月15日にバーゼル（スイス）に生まれ，1783年9月18日にサンクト・ペテルブルグ（ロシア）で亡くなるまで膨大な研究を残しました．

　この本では，オイラーの数学を，オイラーの研究の中でも最も注目すべきものであるゼータを中心に紹介します．

　第Ⅰ部「オイラーと無限大の滝」ではオイラーの行った研究を，関連する話題にも触れながら，解説しています．説明は高校生からわかるように心がけました．少し難しいところがでても，読み進めてください．オイラーの真骨頂は大瀑布のしぶきをあびる爽快さです．

　第Ⅱ部「オイラー12峰探検」ではオイラーを直接体験するために，オイラーが書き残した式を『全集』からそのまま紹介します．当時の書き方を味わいつつ，オイラーの美しい式たちを観賞してください．その背景を知るには第Ⅰ部も活用してください．

　では，よい旅を．

2007年4月15日　　　　　　　　　　　　　　オイラー生誕300年の日に．

　　　　　　　　　　　　　　　　　　　　　　　　　　　黒川信重

第 I 部
オイラーと無限大の滝

- ∞1∞ オイラーと現代数学
- ∞2∞ オイラーとサンクト・ペテルブルグ
- ∞3∞ 素数
- ∞4∞ オイラーと素数
- ∞5∞ 素数いろいろ：オイラーの足跡
- ∞6∞ 自然数の逆数の和：オレーム
- ∞7∞ 素数の逆数の和：オイラーの着眼
- ∞8∞ オイラーによる条件付素数分布
- ∞9∞ 佐藤–テイト予想への道
- ∞10∞ 平方数の逆数の和：オイラーと円周率
- ∞11∞ オイラーからの三角関数の発展
- ∞12∞ 自然数全体の和：オイラー瀑布
- ∞13∞ 平均極限からの接近
- ∞14∞ ゼータの風景
- ∞15∞ ゼータと波
- ∞16∞ ゼータの一年
- ∞17∞ オイラーの羽箒
- ∞18∞ 文献案内

第II部
オイラー12峰探検

- 第1峰　指数関数・三角関数　121
- 第2峰　三角関数無限積表示　124
- 第3峰　ゼータ特殊値：正偶数　126
- 第4峰　ゼータ特殊値：負整数　131
- 第5峰　ゼータ関数等式　136
- 第6峰　オイラー積　139
- 第7峰　素数逆数和　141
- 第8峰　ゼータ積分表示　142
- 第9峰　ゼータ正規和　144
- 第10峰　オイラー定積分　146
- 第11峰　発散級数　148
- 第12峰　五角数定理　153

- 付録A　オイラー生誕300年記念集会　159
- 付録B　オイラー作用素の行列式　165
- 付録C　ゼータと地球　179
- あとがき　180
- 索引　181

I

オイラーと無限大の滝

写真:1911年から刊行が始まり,今なお続刊の編集が続いている
『オイラー全集』(Opera Omnia) 既刊76巻(Euler-Archiv, Basel, Switzerland 所蔵)

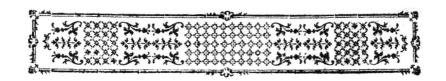

∞ 1 ∞
オイラーと現代数学

　ちょうど300年前に生まれたオイラー（1707年4月15日–1783年9月18日）は，数学のほとんど全分野にわたって時代を画する成果を残した．数学の化身のような存在であり，その後の数学はオイラーなくしては考えられない．とくに，無限大の扱いにオイラーらしさが良く出ている．オイラーが最初に名を揚げた無限大は，素数の逆数全体の和

$$\frac{1}{2}+\frac{1}{3}+\frac{1}{5}+\frac{1}{7}+\frac{1}{11}+\frac{1}{13}+\frac{1}{17}+\cdots$$

が無限大という事実であり，これは今から2500年も昔のギリシャ時代から知られていた「素数は無限個存在する」という事実を，2000年振りに前進させた画期的な発見であった．現代数学の至る所に現れる「ゼータ」もオイラーのこの発見で本格的な活躍をはじめた．計算の好きな人は

$$\frac{1}{2}+\frac{1}{3}+\frac{1}{5}+\frac{1}{7}+\frac{1}{11}+\frac{1}{13}+\frac{1}{17}+\cdots$$

を足して行ってみて欲しい．目に見えて大きくして行くことは難しい．最新鋭の計算機を使っても10を超えるのはいつごろ（今世紀中？）であろうか？今のところ，考えることによってしか無限に行くとは分からないしくみになっている．また，オイラーの書いたものを見ていると

$$1+2+3+4+5+6+7+\cdots=-\frac{1}{12}$$

という奇妙な数式にも出会う．実は，これは現代数学の風景を"先撮り"していた（まるで，3世紀後にタイムマシンで飛んで撮影してきたかのように）ものと見ることができる．文字通りとれば右辺には「無限大」が来るべきであ

るが，オイラーの開発したゼータ方式を使うと，有限の値と解釈できる，というものである．無論，

$$1+2+3+4+5+6+7+\cdots$$

を最新鋭の計算機で足して行ってもどんどん大きくなって行くだけである．先ほどの無限大とは様子が違っている．予期せぬことに，量子力学のカシミールエネルギーの実験検証にも，この等式が現れる．通常であれば無限大として処理されるものを，ある手法により，無限大を差し引くことによって「繰り込む」という操作にあたる．オイラーは

$$1-2+3-4+5-6+7-\cdots = \frac{1}{4}$$

とも書いている．これがゼータの計算である．人間の数学はオイラーのゼータでやっと自然に近づいてきたようだ．

　これから，このような例を中心にして，オイラーの考えた無限大周辺を散策したい．現代数学の風景がその向こうに見えてくるはずである．オイラーの数学は自由でのびのびとしていて気持ちが良い．それでいて，

$$1+2+3+4+5+6+7+\cdots = -\frac{1}{12}$$

のように，滝に打たれたような衝撃にも出会うのも魅力的である．オイラーは数学の源流にある大瀑布のような迫力にあふれている．オイラーの原風景の展示してある第II部をときどき観賞しつつ，読み進めて欲しい．

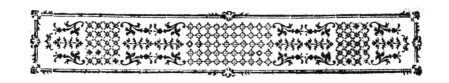

∞ 2 ∞
オイラーとサンクト・ペテルブルグ

　スイスのバーゼル周辺で成長したオイラーは小さい頃から数学にすぐれ，20歳になったときにはロシアのサンクト・ペテルブルグ学士院に招かれる程であった．サンクト・ペテルブルグは1700年頃からネヴァ川の河口に建設が始まった新しい都であった．この海辺の町はオイラーが到着したときは，学士院も含めすべてを新たに作る意気込みにあふれていた．オイラーは，その地でロシアの地図の作成などの実用的な仕事にも精力を注ぐとともに，数学の研究に邁進した．結局，オイラーとサンクト・ペテルブルグとの付き合いは，途中でドイツのベルリンに移住した一時期を除いて，一生涯に渡ることになった．サンクト・ペテルブルグは"北のベニス"と言われるような美しい水の都であり，オイラーは余程サンクト・ペテルブルグの水が合ったようだ．オイラーは超人的な研究者であり，論文は膨大である．彼の論文を集めた『オイラー全集』(*Opera Omnia*) は段々と100巻に近づいている現在でも，まだ出版が完了していない程の大量の論文を，彼は書き上げたのであった．

　オイラーはサンクト・ペテルブルグの東南に位置するアレクサンドル・ネフスキー寺院に眠っている．数年前に私がサンクト・ペテルブルグを訪れたときは，ちょうど6月の白夜のシーズンだったが，白い花が咲き誇り，オイラーの赤い墓石がひときわ映えていた．

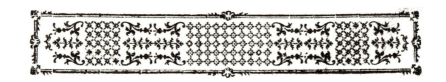

∞ 3 ∞
素数

オイラーがとくに愛着があったと見られるのは素数である．素数とは

$$2, 3, 5, 7, 11, 13, 17, 19, 23, 29, 31, 37, 41, 43, 47, \ldots$$

のように，自然数（正の整数）のうちで，1より大きな2つの自然数の積に分解できないものである．素数は紀元前500年頃のギリシャ時代から考えられてきている．はじまりは，きっと，ピタゴラスや彼の学校（研究所）の人々が，自然数を掛け算に関して分解し尽くし，それら素になるものの研究から世界の成り立ちを調べたい，と思ったのが動機だったのであろう．ほぼ同時期のギリシャには物質を分解し尽くすと原子（アトム）になるというデモクリトス（彼もピタゴラス学校に属していたという）たちのとなえた原子論も興った．考え方は同一であり，しかも，ピタゴラス学派ではすべては数で理解できるというモットー『万物は数なり』を持っていたのであるから，なおさら，素数論と原子論は同じ関連で生じたのであろう．

さて，「ギリシャ数学」という名称で呼ばれていても，ピタゴラス学校は現在のイタリアにあったことに注意しておきたい．それは，イタリア南岸の町クロトン（現在名はクロトーネ）である．ピタゴラスたちは，クロトンの美しく長く続く砂浜を歩きながら素数に思い至したのであろう．現在，ピタゴラス学校跡には，ヘラ神殿の石柱一本のみが真っ青な地中海を背景に断崖の上に聳えている．

ギリシャ数学の偉大な成果は「素数は無限個ある」という発見である．しかも，証明もきちんと付けている．2500年経った現在から見ても，なぜそんなことが証明できたのか，真相が知りたい，との思いが強くする．彼らの証

明は，実際に素数を作り出すやり方であった：何個か素数があったら，全部掛けて1を足したものを作り，それを割り切る1でない一番小さい自然数を取り出せば，それは素数であり（素数でなかったとしたらもっと小さいもので割り切れてしまう），しかも新しい素数となっている（それまでの素数では割り切れないので），という作り方である．たとえば，素数2からはじめてみると，全部掛けても2のままで，1を足すと3が出る．これを割り切る1でない最小の数は3である．こうして，2の次に3が作れた．2,3からは全部掛けて6，1を足して7が出る．よって，3個の素数2, 3, 7が出た．次には，全部掛けると42で1を足すと43となり，4個の素数2, 3, 7, 43ができた．その次は，全部掛けると1806，1を足すと1807．これを割り切る1でない最小の自然数は，1807が13と139の積になることから，素数13とわかる．このようにして，5個の素数2, 3, 7, 43, 13が得られた．これを続ければ，1個ずつ増えていき，結局，素数が無限個出てくることがわかる．素数が小さい順に出てくるわけでないこともこの例は示している．

●チャレンジ問題●

$2 \to 3 \to 7 \to 43 \to 13 \to 53 \to 5 \to 6221671 \to 38709183810571 \to 139 \to 2801 \to 11 \to 17 \to 5471 \to \cdots$ にはすべての素数が出てくるかどうか調べて欲しい．他の素数から出発した

- $3 \to 2 \to 7 \to 43 \to 13 \to \cdots$
- $5 \to 2 \to 11 \to 3 \to 331 \to \cdots$
- $7 \to 2 \to 3 \to 43 \to 13 \to \cdots$
- $11 \to 2 \to 23 \to 3 \to 7 \to 10627 \to 433 \to 17 \to 13 \to 10805892983887 \to 73 \to 6397 \to 19 \to 489407 \to 2753 \to 87491 \to 18618443 \to 5 \to 31 \to 113 \to 41 \to \cdots$
- $13 \to 2 \to 3 \to 79 \to 6163 \to 7 \to 1601 \to 11 \to 137 \to 5 \to 199 \to 151 \to \cdots$
- $17 \to 2 \to 5 \to 3 \to 7 \to 3571 \to 31 \to 395202571 \to 13 \to 29 \to 137 \to 23 \to 97 \to 1896893 \to 34138453466895150823580146142491 \to 4639 \to 61 \to 181 \to 43 \to 19 \to 11 \to 59 \to \cdots$
- $99109 \to 2 \to 3 \to 5 \to 7 \to 11 \to 13 \to \cdots$

等ではどうだろうか？ただし，念のために付け加えておくと，この問題は未解決の問題なので，すでに解答が知られているものと誤解しないで，考えて欲しい．

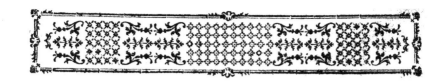

∞ 4 ∞
オイラーと素数

　オイラーの 1737 年の大発見「素数の逆数全体の和は無限大」は現代数論の誕生を予告する記念碑であり，現在の数論はその周辺の研究を行っていると見ることができる．素数の逆数の和が無限大ならば素数は無限個なければならない．なぜなら，素数が有限個しかなかったとすれば，素数の逆数全体の和も有限のはずだから．このようにして，ギリシャ時代に素数が無限個あることが知られて以来二千年以上の歳月を経てはじめての進歩がオイラーによって得られたのであった．オイラーがどのようにして

$$\frac{1}{2}+\frac{1}{3}+\frac{1}{5}+\frac{1}{7}+\frac{1}{11}+\frac{1}{13}+\frac{1}{17}+\cdots$$

が無限大になることを見つけたかは後の節で見ることにしたい．ここでは，どのように大きくなって行くか書いてみよう：

$$\frac{1}{2}=0.5,$$

$$\frac{1}{2}+\frac{1}{3}=\frac{5}{6}=0.83333333\cdots,$$

$$\frac{1}{2}+\frac{1}{3}+\frac{1}{5}=\frac{31}{30}=1.0333333\cdots,$$

$$\frac{1}{2}+\frac{1}{3}+\frac{1}{5}+\frac{1}{7}=1.17619047\cdots,$$

$$\frac{1}{2}+\frac{1}{3}+\frac{1}{5}+\frac{1}{7}+\frac{1}{11}=1.26709956\cdots,$$

$$\frac{1}{2}+\frac{1}{3}+\frac{1}{5}+\frac{1}{7}+\frac{1}{11}+\frac{1}{13}=1.34402264\cdots,$$

$$\frac{1}{2}+\frac{1}{3}+\frac{1}{5}+\frac{1}{7}+\frac{1}{11}+\frac{1}{13}+\frac{1}{17}=1.40284617\cdots$$

というような具合で1は超えたものの,なかなか2に行かない.素数の逆数全体の和は無限大というオイラーの定理からすると,素数の逆数を足して行くと徐々に10を超え,100を超え,1000を越え,というようにいくらでも大きくなって行くはずである.定理が間違っているのだろうか,と心配になってしまうかも知れないが,そうではない.大きくなるなり方が非常にゆっくりゆっくりとしているせいでこうなっているのである.実は,最新鋭の計算機を使っても,4を超えるのがやっとというのが現状である.2006年の記録としては,4をちょうど超えるところについて

$$\frac{1}{2}+\frac{1}{3}+\frac{1}{5}+\frac{1}{7}+\frac{1}{11}+\cdots+\frac{1}{1801241230056600467}$$
$$=3.99999\ 99999\ 99999\ 99966\cdots,$$
$$\frac{1}{2}+\frac{1}{3}+\frac{1}{5}+\frac{1}{7}+\frac{1}{11}+\cdots+\frac{1}{1801241230056600523}$$
$$=4.00000\ 00000\ 00000\ 00021\cdots$$

が知られている (E. Bach–J. Sorenson).現在のところ素数と確定している最大の数は $M(44)=2^{32582657}-1$ という44番目のメルセンヌ素数(2006年9月4日発見)である.これは,計算機の使っている二進表示では $1111\cdots1111$ と1が32582657個並ぶ楽しい数になっている.この巨大な素数はそれまでの素数を順々に求めて行って得られたものではなく, 2^n-1 という特別な形のものだけを調べる特殊な方法で求められていて,そこまでの素数を並べることは絶望的であるが,もし,そこまでの素数がすべて求まったとしても,

$$\frac{1}{2}+\frac{1}{3}+\frac{1}{5}+\frac{1}{7}+\frac{1}{11}+\cdots+\frac{1}{M(44)}$$

は17程度のはずであり,オイラーの先見の明にはあらためて驚かされる.このゆっくりさは素数の不思議さの表れの一つである.オイラーは, $\frac{1}{2}+\frac{1}{3}+\frac{1}{5}+\frac{1}{7}+\frac{1}{11}+\cdots$ と千年くらい計算機で計算したとしても,無限大とは分からないものを,無限大と見抜いたのである.

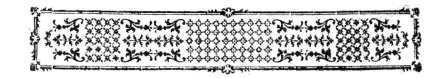

∞ 5 ∞
素数いろいろ：オイラーの足跡

オイラーは，いろいろな素数も研究しているので，紹介しておこう．

5.1 4で割って1余る素数，3余る素数

オイラーは
$$\frac{1}{3}+\frac{1}{7}+\frac{1}{11}+\frac{1}{19}+\frac{1}{23}+\frac{1}{31}+\frac{1}{43}+\frac{1}{47}+\frac{1}{59}+\cdots,$$
$$\frac{1}{5}+\frac{1}{13}+\frac{1}{17}+\frac{1}{29}+\frac{1}{37}+\frac{1}{41}+\frac{1}{53}+\frac{1}{61}+\cdots$$
がそれぞれ無限大になることを証明している．(その証明法は素数の逆数の和が無限大になることの改良版なので，あとで触れる.) とくに，4で割って3余る素数

$$3, 7, 11, 19, 23, 31, 43, 47, 59, \ldots$$

も4で割って1余る素数

$$5, 13, 17, 29, 37, 41, 53, 61, \ldots$$

もどちらも無限個存在することがわかる．このオイラーの結果は，その後のゼータ関数やエル関数の現在まで続く大発展の導きとなった．

5.2 下二ケタが01の素数

これは $101, 401, 601, 701, \ldots$ のように 100 で割って 1 余る素数のことであるが，オイラーは (1) と同じ論文において

$$\frac{1}{101} + \frac{1}{401} + \frac{1}{601} + \frac{1}{701} + \frac{1}{1201} + \frac{1}{1301} + \frac{1}{1601} + \frac{1}{1801} + \frac{1}{1901} + \cdots$$

が無限大になることを予想し，したがってそのような素数は無限個あると推察している．[オイラーの論文には長い列がたくさんでてくる．このくらいの長さの足し算は，オイラーとしては序の口である．] オイラーの言ったことは，1837 年にディリクレによって証明された．ディリクレはオイラーが 4 で割って 1 余る素数の場合に使った方法を拡張して，オイラーの予想を一般の「N で割って a 余る素数」という形にして証明したのである．

【応用例】 素数の下何ケタかを固定しても，そうなる素数は無限個存在する．ただし，その際の最後のケタ（1 ケタ目）は $1, 3, 7, 9$ のいずれかとする．最後のケタが $0, 2, 4, 5, 6, 8$ となる素数は 2 と 5 のみである．

5.3 フェルマー素数・メルセンヌ素数

オイラーの 100 年程度前のフェルマーも素数の愛好者だった．彼の名前は「フェルマー予想」（1637 年頃に提出され，1995 年にワイルズにより証明された）で有名であるが，現在でも未解決の問題「$2^n + 1 \ (n = 1, 2, \ldots)$ の形の素数は無限個存在する」を出したことでも名が残っている．この形の素数は計算機で使われている 2 進表記では

$$[100 \cdots 001]_{2進}$$

という簡単な形をした素数ということになる．フェルマーは，$2^n + 1$ が素数だったとすると n は 2^m の形でなければならないことを注意した．このことは，もし n が 1 でない奇数で割り切れる（つまり n を素因数分解したときに 2 以外の素数が現れる）としたら $n = kl$（k は 3 以上の奇数）と書いてみると

$$2^n + 1 = 2^{kl} + 1$$
$$= (2^l)^k + 1$$
$$= (2^l + 1)\{(2^l)^{k-1} - (2^l)^{k-2} + \cdots + 1\}$$

と分解してしまうことからわかる．ここの式変形は

$$x^3 + 1 = (x+1)(x^2 - x + 1)$$

や

$$x^5 + 1 = (x+1)(x^4 - x^3 + x^2 - x + 1)$$

を一般化した

$$x^k + 1 = (x+1)(x^{k-1} - x^{k-2} + x^{k-3} - x^{k-4} + \cdots + 1)$$

を思い浮かべてもらえばよい．フェルマーは，そこで，「$2^{2^m} + 1$ ($m = 0, 1, 2, 3, 4, 5, \ldots$) は素数であろう」と予想した．たしかに

$$2^{2^0} + 1 = 2^1 + 1 = 3,$$
$$2^{2^1} + 1 = 2^2 + 1 = 5,$$
$$2^{2^2} + 1 = 2^4 + 1 = 17,$$
$$2^{2^3} + 1 = 2^8 + 1 = 257,$$
$$2^{2^4} + 1 = 2^{16} + 1 = 65537$$

は素数であることはわかる（65537 になると，簡単ではないが）．この形の素数は「フェルマー素数」と名付けられた．

ところが，オイラーは 1732 年（25 歳）になって

$$2^{2^5} + 1 = 2^{32} + 1 = 4294967297$$

は素数でなく

$$4294967297 = 641 \times 6700417$$

と分解してしまうことを発見してセンセーションをまきおこした．若者オイラーが $2^{32} + 1$ を割り切る素数 641 を見つけ出したのは，やみくもに計算し

ていたわけではなく，$2^{32}+1$ を割り切る素数は 64 で割って 1 余るものでないといけないことを理論的に確認してから計算したのである．オイラー以後，今日に至るまで $2^{2^m}+1$ ($m=6,7,8,\ldots$) は調べられてきたが，素数は見つかっていない．こうなると，フェルマーの楽観的な意見とは逆に

(A) 「$2^{2^m}+1$ ($m \geqq 5$) には素数はない」

という見方も出てくる．可能性としては，他に

(B) 「$2^{2^m}+1$ ($m \geqq 5$) には素数は 1 個はあるだろうが，有限個」

と

(C) 「$2^{2^m}+1$ ($m \geqq 5$) に素数は無限個ある」

が考えられる．私の個人的な期待は夢のある (C) であって欲しいと思っているのだが，今のところ手のつけようがない問題と考えられているのは残念な状態である．

なお，1800 年近くになってガウスがフェルマー素数はとても身近なところに出てくることを見つけている．誰でも正 3 角形の作図法は知っている．定規とコンパスを用いれば

と描ける．少し難しくなるが，正 5 角形も作図できる．そこまでは今から二千年以上昔のギリシャ時代に知られていた．それ以上は難しい（辺の数が奇数のときに帰着する）と思われていたが，ガウスは 18 歳が終りに近づいてきた 1796 年の 3 月 30 日になって，正 17 角形が作図可能なことを発見したのであった．（ガウスが 19 歳になったのは，ちょうど一ヵ月後の 4 月 30 日．）さらに，正 257 角形，正 65537 角形も作図できることを示した．より一般には，フェルマー素数 $2^{2^m}+1$ に対して正 $2^{2^m}+1$ 角形の作図が可能であることを説明したのである．さらに詳しく書くと，正 N 角形が作図できるのは N が

$$N = 2^a \times P_1 \times \cdots \times P_r$$

という形をしていることに限ることを示した．ここで，a は 0 以上の整数，$P_1,\ldots,P_r$ は相異なるフェルマー素数（r は 0 以上の整数であり，r が 0 のときは N は 2 のべきを意味する）である．したがって，意外なことに，新しいフェルマー素数が見つかれば作図できる正多角形が増えるという夢のある話になっている．

さて，17 世紀にはフェルマー素数と並び称されるメルセンヌ素数も発見された．これは $2^n - 1$ ($n = 2, 3, \ldots$) という形の素数である．2 進表示では $[11\cdots 11]_{2進}$ と 1 が n 個並ぶものになっている．n が素数でないときは $2^n - 1$ は素数ではなくなる．たしかに，$n = kl$ ($k, l > 1$) と書いておくと

$$2^n - 1 = 2^{kl} - 1$$
$$= (2^l)^k - 1$$
$$= (2^l - 1)\{(2^l)^{k-1} + (2^l)^{k-2} + \cdots + 1\}$$

と分解できてしまう．フェルマー素数のときと同様に

$$x^k - 1 = (x - 1)(x^{k-1} + x^{k-2} + \cdots + 1)$$

を思い浮かべればよい．m 番目のメルセンヌ素数を $M(m)$ と書くことにする．メルセンヌは

$$M(1) = 2^2 - 1 = 3,$$
$$M(2) = 2^3 - 1 = 7,$$
$$M(3) = 2^5 - 1 = 31,$$
$$M(4) = 2^7 - 1 = 127,$$
$$M(5) = 2^{13} - 1 = 8191,$$
$$M(6) = 2^{17} - 1 = 131071$$

等々を挙げていた．その後もメルセンヌ素数の探索は続き，とくに 20 世紀になってからは計算機の性能試験にもなってきて，現在の最高記録は，前にも触れた通り，

$$M(44) = 2^{32582657} - 1$$

になっている（2006年9月4日発見）．これは9808358ケタという巨大な素数であり，2007年5月現在のところ素数であることが確証されている最大の素数となっている．

メルセンヌ素数はギリシャ時代から問題となってきた「完全数」に関連している．完全数とは6や28のように，ある数の真の約数（割り切る数からその数自身は除いたもの）の和が再びその数になるものを言う：

$$6 = 1+2+3, \quad 28 = 1+2+4+7+14.$$

ギリシャ時代には $2^n - 1$ が素数なら $(2^n - 1)2^{n-1}$ は完全数であることが既に証明されていた．たとえば，$6 = (2^2 - 1)2^1$, $28 = (2^3 - 1)2^2$ となる．オイラーは，この話題でも明確な刻印を残している．

> **オイラーの定理** 偶数の完全数は $(2^n - 1)2^{n-1}$ の形に限る．ただし，$2^n - 1$ は素数．

$2^n - 1$ が素数ということは $M = 2^n - 1$ がメルセンヌ素数ということに他ならないので，$2^{n-1} = (M+1)/2$ に注意すると，オイラーの定理は「偶数の完全数はメルセンヌ素数 $M(m)$ $(m = 1, 2, 3, \cdots)$ を用いて $M(m)(M(m)+1)/2$ と書けるものに限る」ということを言っていることになる．別の書き方をすると，「偶数の完全数は $1 + \cdots + M(m)$」となる．たとえば，$M(1) = 3$, $M(2) = 7$ だから，ちょうど

$$6 = 1 + 2 + 3 = 1 + \cdots + M(1),$$
$$28 = 1 + 2 + \cdots + 7 = 1 + \cdots + M(2)$$

となっている．一方，奇数の完全数は一つも見つかっていないし，存在しないことが証明されてもいない．

● **チャレンジ問題** ●

通常の10進表記でメルセンヌ素数に対応するのは $11\cdots11$ の形の素数であり，フェルマー素数は $10\cdots01$ の形の素数に対応する．このような素数をできるだけ見つけて欲しい．それらは無限個あるのだろうか？ 今のところ，

このような素数としては

$$11$$
$$1111111111111111111$$
$$11111111111111111111111$$

という 1 を 2 個, 19 個, 23 個並べたものの他に, 1 を 317 個並べたものと 1 を 1031 個並べたもの, そして 101 という計 6 個しか見つかっていない.

● チャレンジ問題 ●

フェルマー素数 3, 5, 17, 257, 65537 に関連して, 第 3 節でやった素数の作り方を次のように変形する: いくつか素数が与えられたらすべて掛けて 2 を足し, その最小素因数を取り出す. このようにすると, たとえば

$$3 \to 5 \to 17 \to 257 \to 65537 \to 641 \to \cdots$$

となる. 実際

$3 + 2 = 5,$

$3 \times 5 + 2 = 17,$

$3 \times 5 \times 17 + 2 = 257,$

$3 \times 5 \times 17 \times 257 + 2 = 65537,$

$3 \times 5 \times 17 \times 257 \times 65537 + 2 = 4294967297 = 641 \times 6700417$

となって行く. さて, このようにできた数列 3, 5, 17, 257, 65537, 641, ... には 2 以外の素数 (奇素数) がすべて現れるだろうか?

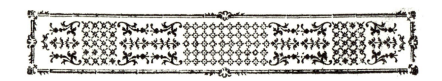

∞ 6 ∞
自然数の逆数の和:オレーム

オイラーが素数の逆数の和を考えるきっかけとなったものに,約400年前のオレームの研究があった.それは自然数の逆数の和

$$1+\frac{1}{2}+\frac{1}{3}+\frac{1}{4}+\frac{1}{5}+\frac{1}{6}+\frac{1}{7}+\cdots$$

が無限大になるという1350年頃の結果である.オレームはフランスの人であり,この結果は中世を代表するひときわきわだった成果だった.

定理(オレーム,1350年頃)

$$1+\frac{1}{2}+\frac{1}{3}+\frac{1}{4}+\frac{1}{5}+\frac{1}{6}+\frac{1}{7}+\cdots=\infty.$$

【証明(オレーム)】

$$\begin{aligned}
&1+\frac{1}{2}+\frac{1}{3}+\frac{1}{4}+\frac{1}{5}+\frac{1}{6}+\frac{1}{7}+\frac{1}{8}+\frac{1}{9}+\frac{1}{10}\\
&\quad +\frac{1}{11}+\frac{1}{12}+\frac{1}{13}+\frac{1}{14}+\frac{1}{15}+\frac{1}{16}+\cdots\\
&=1+\frac{1}{2}+\left(\frac{1}{3}+\frac{1}{4}\right)+\left(\frac{1}{5}+\frac{1}{6}+\frac{1}{7}+\frac{1}{8}\right)\\
&\quad +\left(\frac{1}{9}+\frac{1}{10}+\frac{1}{11}+\frac{1}{12}+\frac{1}{13}+\frac{1}{14}+\frac{1}{15}+\frac{1}{16}\right)+\cdots\\
&\geqq 1+\frac{1}{2}+\left(\frac{1}{4}+\frac{1}{4}\right)+\left(\frac{1}{8}+\frac{1}{8}+\frac{1}{8}+\frac{1}{8}\right)
\end{aligned}$$

$$+ \left(\frac{1}{16} + \frac{1}{16} + \frac{1}{16} + \frac{1}{16} + \frac{1}{16} + \frac{1}{16} + \frac{1}{16} + \frac{1}{16} \right) + \cdots$$
$$= 1 + \frac{1}{2} + \frac{1}{2} + \frac{1}{2} + \frac{1}{2} + \cdots$$
$$= \infty.$$

[証明終]

見事な証明である．$\frac{1}{2}$ を無限個作られてしまうと何の疑いもない．

一方，現代では高校 3 年生くらいになると，次のような積分による方法を知る．$y = \frac{1}{x}$ のグラフを考える：

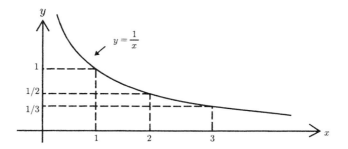

まず，

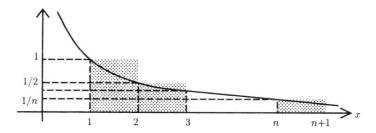

図のような面積を見ると

$$1 + \frac{1}{2} + \cdots + \frac{1}{n} > \int_1^{n+1} \frac{1}{x} dx = \log(n+1) > \log n$$

がわかる．(ここで使っている対数 log は自然対数.) また，次ページにあるずらした図

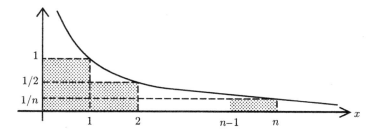

を見ると
$$1 + \frac{1}{2} + \cdots + \frac{1}{n} < 1 + \int_1^n \frac{1}{x} dx = 1 + \log n$$
がわかる．したがって
$$\log n < 1 + \frac{1}{2} + \cdots + \frac{1}{n} < \log n + 1$$
が $n = 2, 3, \ldots$ に対して成り立つことが証明できた．とくに，$1 + \frac{1}{2} + \cdots + \frac{1}{n}$ は $\log n$ 程度で大きくなることがわかる．さらに，
$$1 + \frac{1}{2} + \cdots + \frac{1}{n} - \log n$$
は 0 と 1 の間にあることになるが，オイラーはより詳しく調べて，極限
$$\lim_{n \to \infty} \left(1 + \frac{1}{2} + \cdots + \frac{1}{n} - \log n \right)$$
が存在することを示している．その数を γ と書いて**オイラー定数**と呼ぶ．この数
$$\gamma = 0.577215664901532\cdots$$
は有理数なのか無理数なのか依然として不明である．なお，オレームの無限大になるという発見も，実際にはじめの方を計算してみると

$$1 + \frac{1}{2} = \frac{3}{2} = 1.5 \quad ; \quad \log 2 = 0.693\cdots$$

$$1 + \frac{1}{2} + \frac{1}{3} = \frac{11}{6} = 1.8333\cdots \quad ; \quad \log 3 = 1.098\cdots$$

$$1 + \frac{1}{2} + \frac{1}{3} + \frac{1}{4} = \frac{25}{12} = 2.0833\cdots \quad ; \quad \log 4 = 1.386\cdots$$

$$1 + \frac{1}{2} + \frac{1}{3} + \frac{1}{4} + \frac{1}{5} = \frac{137}{60} = 2.2833\cdots \quad ; \quad \log 5 = 1.609\cdots$$

のように，ゆっくりにしか増えて行かない．たとえば頑張って100億まで

$$1 + \frac{1}{2} + \cdots + \frac{1}{10000000000}$$

を計算したとしても

$$\log(10^{10}) = 10\log 10 = 23.0258\cdots$$

程度にしかならない[1]．計算機を長い時間使っても無限大に行くなどとはわからない．（あとで見るように，素数の逆数の和はこれに輪をかけてゆっくりしているのである．）

●チャレンジ問題●

同じ形の本を重ねて行って，できるだけ先に延ばすと，理論的にはいくらでも長くなるだろうか？

【ヒント】　どこかに $1 + \frac{1}{2} + \frac{1}{3} + \frac{1}{4} + \cdots$ が出ている？

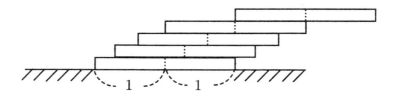

【答え】　重心の位置を見ると可能．上の図の場合は：

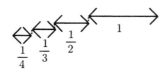

---

[1] $1 + \frac{1+\cdots}{2} + \frac{1}{10000} = 9.787606\cdots$, $1 + \frac{1}{2} + \cdots + \frac{1}{100000} = 12.090146\cdots$, $1 + \frac{1}{2} + \cdots + \frac{1}{1000000} = 14.392726\cdots$.

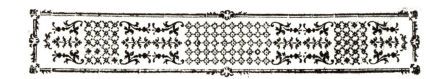

∞ 7 ∞
素数の逆数の和：オイラーの着眼

さて，いよいよ，オイラーの定理

> **定理 A（オイラー，1737 年）**
> $$\frac{1}{2}+\frac{1}{3}+\frac{1}{5}+\frac{1}{7}+\frac{1}{11}+\frac{1}{13}+\frac{1}{17}+\cdots=\infty.$$

の証明を見よう．オイラーは定理 A を次の定理 B を用いて示した．

> **定理 B（オイラー，1737 年）**
> $$\frac{1}{1-\frac{1}{2}} \times \frac{1}{1-\frac{1}{3}} \times \frac{1}{1-\frac{1}{5}} \times \frac{1}{1-\frac{1}{7}} \times \frac{1}{1-\frac{1}{11}} \times \cdots$$
> $$=1+\frac{1}{2}+\frac{1}{3}+\frac{1}{4}+\frac{1}{5}+\cdots.$$

定理 B は素数と自然数との関係を示している．オイラーは定理 B の両辺の対数をとることによって定理 A を得ている．ただし，この定理 B の形では，左辺も右辺も ∞（右辺が ∞ であることがオレームの結果）なので，通常は $s>1$ に対して

$$\frac{1}{1-\frac{1}{2^s}} \times \frac{1}{1-\frac{1}{3^s}} \times \frac{1}{1-\frac{1}{5^s}} \times \frac{1}{1-\frac{1}{7^s}} \times \frac{1}{1-\frac{1}{11^s}} \times \cdots$$
$$=1+\frac{1}{2^s}+\frac{1}{3^s}+\frac{1}{4^s}+\frac{1}{5^s}+\cdots.$$

という形にして使い，オイラー積と言う．その成り立つ理由は

$$\frac{1}{1-x} = 1 + x + x^2 + x^3 + x^4 + x^5 + \cdots$$

を思い出して

$$\frac{1}{1-\frac{1}{2^s}} = 1 + \frac{1}{2^s} + \frac{1}{4^s} + \frac{1}{8^s} + \frac{1}{16^s} + \frac{1}{32^s} + \frac{1}{64^s} + \frac{1}{128^s} + \cdots,$$

$$\frac{1}{1-\frac{1}{3^s}} = 1 + \frac{1}{3^s} + \frac{1}{9^s} + \frac{1}{27^s} + \frac{1}{81^s} + \frac{1}{243^s} + \frac{1}{729^s} + \cdots,$$

$$\frac{1}{1-\frac{1}{5^s}} = 1 + \frac{1}{5^s} + \frac{1}{25^s} + \frac{1}{125^s} + \frac{1}{625^s} + \frac{1}{3125^s} + \cdots,$$

$$\frac{1}{1-\frac{1}{7^s}} = 1 + \frac{1}{7^s} + \frac{1}{49^s} + \frac{1}{343^s} + \frac{1}{2401^s} + \cdots,$$

$$\frac{1}{1-\frac{1}{11^s}} = 1 + \frac{1}{11^s} + \frac{1}{121^s} + \frac{1}{1331^s} + \frac{1}{14641^s} + \cdots,$$

$$\cdots$$

とし，全部かけると右辺にある組合せをすべて尽して

$$\frac{1}{1-\frac{1}{2^s}} \times \frac{1}{1-\frac{1}{3^s}} \times \frac{1}{1-\frac{1}{5^s}} \times \frac{1}{1-\frac{1}{7^s}} \times \frac{1}{1-\frac{1}{11^s}} \times \cdots$$

$$= 1 + \frac{1}{2^s} + \frac{1}{3^s} + \frac{1}{4^s} + \frac{1}{5^s} + \frac{1}{6^s} + \frac{1}{7^s} + \frac{1}{8^s} + \frac{1}{9^s} +$$

$$\frac{1}{10^s} + \frac{1}{11^s} + \frac{1}{12^s} + \cdots$$

となることは見やすい．たとえば，右辺を上から下へ掛け合わせてみると

$$1 = 1 \times 1 \times 1 \times 1 \times 1 \times \cdots$$

$$\frac{1}{2^s} = \frac{1}{2^s} \times 1 \times 1 \times 1 \times 1 \times \cdots$$

$$\frac{1}{3^s} = 1 \times \frac{1}{3^s} \times 1 \times 1 \times 1 \times \cdots$$

$$\frac{1}{4^s} = \frac{1}{4^s} \times 1 \times 1 \times 1 \times 1 \times \cdots$$

$$\frac{1}{5^s} = 1 \times 1 \times \frac{1}{5^s} \times 1 \times 1 \times \cdots$$

$$\frac{1}{6^s} = \frac{1}{2^s} \times \frac{1}{3^s} \times 1 \times 1 \times 1 \times \cdots$$

$$\frac{1}{7^s} = 1 \times 1 \times 1 \times \frac{1}{7^s} \times 1 \times \cdots$$

$$\frac{1}{8^s} = \frac{1}{8^s} \times 1 \times 1 \times 1 \times 1 \times \cdots$$

$$\frac{1}{9^s} = 1 \times \frac{1}{9^s} \times 1 \times 1 \times 1 \times \cdots$$

$$\frac{1}{10^s} = \frac{1}{2^s} \times 1 \times \frac{1}{5^s} \times 1 \times 1 \times \cdots$$

$$\frac{1}{11^s} = 1 \times 1 \times 1 \times 1 \times \frac{1}{11^s} \times \cdots$$

$$\frac{1}{12^s} = \frac{1}{4^s} \times \frac{1}{3^s} \times 1 \times 1 \times 1 \times \cdots$$

となって行く．

ここで出て来たもの

$$\zeta(s) = \frac{1}{1-\frac{1}{2^s}} \times \frac{1}{1-\frac{1}{3^s}} \times \frac{1}{1-\frac{1}{5^s}} \times \frac{1}{1-\frac{1}{7^s}} \times \frac{1}{1-\frac{1}{11^s}} \times \cdots$$

$$= 1 + \frac{1}{2^s} + \frac{1}{3^s} + \frac{1}{4^s} + \frac{1}{5^s} + \frac{1}{6^s} + \frac{1}{7^s} + \frac{1}{8^s} + \frac{1}{9^s} + \frac{1}{10^s} + \cdots$$

を**ゼータ**と呼ぶ．ゼータとは素数をまとめあげたものである．（現在では，この $\zeta(s)$ を変形したゼータが無限個知られている。）

さて，今見たように，オイラーは素数に関して掛け合わせたオイラー積によって，自然数はすべて素数の積にただ一通りに書けるという素因数分解表示を見事に書き直していたのである．

素因数分解表示とその一意性（ただ一通りであること）はギリシャ数学の金字塔である．当り前の事のように思えてしまうかも知れないけれども，よく考えると難しい．ここで，ついでに証明しておこう．

定理（素因数分解の一意性） 自然数は素数の積にただ一通りに書ける．

【証明】 まず，自然数が素数の積になることを示そう．これは，自然数を積に関して分解できなくなるまで分解すればよい．いま，自然数 n が与えられ

たとする．n が二つの 1 でない自然数の積に分解できなければ n は素数である．もし，n が二つの 1 でない自然数 n_1, n_2 の積に $n = n_1 n_2$ と分解できたとすると，n_1, n_2 に同じことを繰り返す．こうすることによって，n は高々 n 回でそれ以上は分解できなくなり，素因数分解できたことになる．

次に，ただ一通りであることを示そう．(こちらは難しいので注意を集中して欲しい．) 背理法を用いる．つまり，二通り以上に素因数分解できてしまう自然数があったとして矛盾を導けば，そのような自然数はありえないことになって，素因数分解の一意性が証明されたことになる．そこで，二通り以上に書けてしまう自然数があったとして，それらの中で最小のもの（最小反例）を改めて n とする．すると

$$\begin{cases} n = p_1 \cdots p_r, \quad p_1 \leqq \cdots \leqq p_r \text{ は素数} \\ n = q_1 \cdots q_s, \quad q_1 \leqq \cdots \leqq q_s \text{ は素数} \\ (p_1, \ldots, p_r) \neq (q_1, \ldots, q_s) \quad \text{[つまり } r \neq s \text{ であるか，} \\ \text{あるいは } r = s \text{ であって } p_i \neq q_i \text{ となる } i \text{ が存在する]} \end{cases}$$

と書ける．ここで，$p_i \neq q_j$ であることに注意する．というのは，もし，$p_i = q_j$ となっていれば，それで n を割ってしまうとより小さい反例ができてしまうからである．

矛盾を導こう．それには，もっと小さい反例 m が作れることを示せばよい．（n は最小だったので矛盾である．）次のように m を作る：

$$\begin{cases} p_1 > q_1 \text{ なら} & m = (p_1 - q_1) p_2 \cdots p_r \\ & = n - q_1 p_2 \cdots p_r \\ & = q_1(q_2 \cdots q_s - p_2 \cdots p_r), \\ p_1 < q_1 \text{ なら} & m = (q_1 - p_1) q_2 \cdots q_s \\ & = n - p_1 q_2 \cdots q_s \\ & = p_1(p_2 \cdots p_r - q_2 \cdots q_s). \end{cases}$$

まず，$p_1 > q_1$ のときを見る：

(1) $m < n$ であることは $m = n - q_1 p_2 \cdots p_r$ から明らか．

(2) $m = (p_1 - q_1)p_2 \cdots p_r$ の $p_1 - q_1$ をさらに素因数分解すると m の素因数分解表示を得る．ここには q_1 は現われない．(もし q_1 が現われるとすると $p_1 - q_1$ の分解に出るはずであるが，そうすると p_1 が q_1 で割り切れることになり，どちらも素数であることから $p_1 = q_1$ となってしまう．)

(3) $m = q_1(q_2 \cdots q_s - p_2 \cdots p_r)$ の $q_2 \cdots q_s - p_2 \cdots p_r$ をさらに素因数分解すると m の素因数分解表示を得る．ここには，q_1 が現われているので (2) の素因数分解表示とは異なる．

この (1) (2) (3) から，m は n より小さい反例ということになる．$p_1 < q_1$ のときも全く同様である． [証明終]

さて，はじめの定理 A の証明に戻ろう．ここでは，定理 B に対応するものは，有限個の素数に制限した上で次の形にして用いることにする：自然数 $N \geqq 2$ に対して

$$\prod_{p \leqq N} \frac{1}{1-\frac{1}{p}} \geqq 1 + \frac{1}{2} + \cdots + \frac{1}{N}.$$

ただし，左辺は N 以下の素数 p にわたる積を意味している．たとえば，$N = 5$ のときは

$$\prod_{p \leqq 5} \frac{1}{1-\frac{1}{p}} = \frac{1}{1-\frac{1}{2}} \times \frac{1}{1-\frac{1}{3}} \times \frac{1}{1-\frac{1}{5}} = \frac{15}{4} = 3.75$$

であり，これは

$$1 + \frac{1}{2} + \frac{1}{3} + \frac{1}{4} + \frac{1}{5} = \frac{137}{60} = 2.2833\cdots$$

より確かに大きい．ついでに，$N = 6$ としてみると左辺

$$\prod_{p \leqq 6} \frac{1}{1-\frac{1}{p}} = \frac{1}{1-\frac{1}{2}} \times \frac{1}{1-\frac{1}{3}} \times \frac{1}{1-\frac{1}{5}} = \frac{15}{4} = 3.75$$

は $N = 5$ のときと変りなく，右辺は

$$1 + \frac{1}{2} + \frac{1}{3} + \frac{1}{4} + \frac{1}{5} + \frac{1}{6} = \frac{49}{20} = 2.45$$

と増えるのだが，左辺よりは依然として小さい．上記の不等式は，N 以下の素数を $p_1, \ldots, p_k$ としたとき，オイラー積の計算と同様にして

$$\prod_{p \leq N} \frac{1}{1 - \frac{1}{p}} = \prod_{p \leq N} \left(1 + \frac{1}{p} + \frac{1}{p^2} + \frac{1}{p^3} + \cdots\right)$$

$$= \left(1 + \frac{1}{p_1} + \frac{1}{p_1^2} + \frac{1}{p_1^3} + \cdots\right) \times \left(1 + \frac{1}{p_2} + \frac{1}{p_2^2} + \frac{1}{p_2^3} + \cdots\right)$$

$$\times \cdots \times \left(1 + \frac{1}{p_k} + \frac{1}{p_k^2} + \frac{1}{p_k^3} + \cdots\right)$$

$$= \sum_{m_1, m_2, \ldots, m_k \geq 0} \frac{1}{p_1^{m_1} p_2^{m_2} \cdots p_k^{m_k}}$$

$$\geq 1 + \frac{1}{2} + \cdots + \frac{1}{N}$$

となることからわかる．最後の不等式のところは，$1 \sim N$ は可能な素因数は $p_1 \sim p_k$ のみなのですべて $p_1^{m_1} \cdots p_k^{m_k}$ の形に書けることに注意すればよい．

一方，

$$\log\left(\prod_{p \leq N} \frac{1}{1 - \frac{1}{p}}\right) = \sum_{p \leq N} \log\left(\frac{1}{1 - \frac{1}{p}}\right)$$

$$= \sum_{p \leq N} \sum_{m=1}^{\infty} \frac{1}{m} p^{-m}$$

$$= \sum_{p \leq N} \frac{1}{p} + \sum_{p \leq N} \sum_{m=2}^{\infty} \frac{1}{m} p^{-m}$$

$$\leq \sum_{p \leq N} \frac{1}{p} + \sum_{p \leq N} \sum_{m=2}^{\infty} p^{-m}$$

$$= \sum_{p \leq N} \frac{1}{p} + \sum_{p \leq N} \frac{p^{-2}}{1 - p^{-1}}$$

$$= \sum_{p \leq N} \frac{1}{p} + \sum_{p \leq N} \frac{1}{p(p-1)}$$

$$\leq \sum_{p \leq N} \frac{1}{p} + \sum_{n=2}^{N} \frac{1}{n(n-1)}$$

$$= \sum_{p \leq N} \frac{1}{p} + \sum_{n=2}^{N} \left(\frac{1}{n-1} - \frac{1}{n} \right)$$

$$= \sum_{p \leq N} \frac{1}{p} + 1 - \frac{1}{N}$$

$$< \sum_{p \leq N} \frac{1}{p} + 1$$

が成り立つ．ただし

$$\log\left(\frac{1}{1-x}\right) = x + \frac{x^2}{2} + \frac{x^3}{3} + \cdots$$

と等比級数の和の公式を

$$\frac{x^2}{1-x} = x^2 + x^3 + x^4 + \cdots$$

にしたものを $x = \frac{1}{p}$ に対して使い，次々と消えていく

$$\left(1 - \frac{1}{2}\right) + \left(\frac{1}{2} - \frac{1}{3}\right) + \cdots + \left(\frac{1}{N-1} - \frac{1}{N}\right) = 1 - \frac{1}{N}$$

を用いている．

よって，先の不等式を使うと

$$\sum_{p \leq N} \frac{1}{p} > \log\left(\prod_{p \leq N} \frac{1}{1 - \frac{1}{p}}\right) - 1$$

$$\geq \log\left(1 + \frac{1}{2} + \cdots + \frac{1}{N}\right) - 1$$

となる．ここで，$N \to \infty$ とすればオレームの定理

$$1 + \frac{1}{2} + \cdots \frac{1}{N} \to \infty$$

より

$$\sum_{p} \frac{1}{p} = \frac{1}{2} + \frac{1}{3} + \frac{1}{5} + \frac{1}{7} + \frac{1}{11} + \cdots = \infty$$

がわかる． [証明終]

第II部で見るように，オイラーは

$$\frac{1}{2}+\frac{1}{3}+\frac{1}{5}+\frac{1}{7}+\frac{1}{11}+\cdots=\log\log\infty$$

という風に書いている（第7峰）．これは

$$1+\frac{1}{2}+\frac{1}{3}+\frac{1}{4}+\frac{1}{5}+\cdots=\log\infty$$

という書き方をオレームの結果に対してする場合と同様に意味のある表現になっている．実際，

$$\sum_{p\leqq N}\frac{1}{p}-\log\log N$$

は $N\to\infty$ のとき定数

$$\gamma_{\mathrm{prim}}=\gamma+\sum_{p}\Bigl(\log\Bigl(1-\frac{1}{p}\Bigr)+\frac{1}{p}\Bigr)$$

$$=0.26149721\cdots$$

に収束することが知られている（メルテンスの定理，1874年）．したがって，$\sum_{p\leqq N}\frac{1}{p}$ はほとんど $\log\log N$ であり，$N\to\infty$ のときに無限大になると言っても，とてもゆっくりゆっくりなのである．

● チャレンジ問題 ●

「素数オイラー定数」と言うべき γ_{prim} の性質はオイラー定数 γ 以上に不明である．有理数だろうか？無理数だろうか？

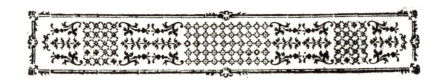

∞ 8 ∞
オイラーによる条件付素数分布

　オイラーは，素数に 4 で割って 1 余るか 3 余るかという条件を付けても，それぞれ無限個存在することを証明した（1775 年）．この場合も，それらの素数の逆数の和が無限大になることを示している．読者の練習のため，ゼータを前面に出した形の証明に直して紹介しよう．

> **定理（オイラー）**
> $$\frac{1}{3}+\frac{1}{7}+\frac{1}{11}+\frac{1}{19}+\frac{1}{23}+\frac{1}{31}+\cdots=\infty.$$
> $$\frac{1}{5}+\frac{1}{13}+\frac{1}{17}+\frac{1}{29}+\frac{1}{37}+\cdots=\infty.$$

【証明】　$s>1$ に対して 2 個のゼータ

$$\begin{aligned}\zeta_2(s)&=(1-2^{-s})\zeta(s)\\&=\prod_{p:\text{奇素数}}(1-p^{-s})^{-1}\\&=\sum_{n:\text{奇数}}n^{-s}\\&=1+3^{-s}+5^{-s}+7^{-s}+9^{-s}+11^{-s}+\cdots\end{aligned}$$

と

$$L(s)=\prod_{p:\text{奇素数}}(1-(-1)^{\frac{p-1}{2}}p^{-s})^{-1}$$

$$= \sum_{n:\text{奇数}} (-1)^{\frac{n-1}{2}} n^{-s}$$

$$= 1 - 3^{-s} + 5^{-s} - 7^{-s} + 9^{-s} - 11^{-s} + \cdots$$

を用いる.まず

$$\log \zeta_2(s) = \sum_{p:\text{奇素数}} \log\left(\frac{1}{1-p^{-s}}\right)$$

$$= \sum_{p:\text{奇素数}} \sum_{m=1}^{\infty} \frac{1}{m} p^{-ms}$$

$$= \sum_{p:\text{奇素数}} p^{-s} + \sum_{p:\text{奇素数}} \sum_{m=2}^{\infty} \frac{1}{m} p^{-ms}$$

であるので

$$Z_+(s) = \sum_{p:\text{奇素数}} p^{-s}$$

$$= \frac{1}{3^s} + \frac{1}{5^s} + \frac{1}{7^s} + \frac{1}{11^s} + \frac{1}{13^s} + \frac{1}{17^s} + \cdots,$$

$$R_+(s) = \sum_{p:\text{奇素数}} \sum_{m=2}^{\infty} \frac{1}{m} p^{-ms}$$

とおくと

$$Z_+(s) = \log \zeta_2(s) - R_+(s)$$

となる.ここで

$$0 < R_+(s) < R_+(1) = \sum_{p:\text{奇素数}} \sum_{m=2}^{\infty} \frac{1}{m} p^{-m}$$

$$\leqq \sum_{p:\text{奇素数}} \sum_{m=2}^{\infty} p^{-m}$$

$$< 1$$

となることは第 7 節で見たとおり.さらに,第 6 節の結果から

$$\lim_{s \to 1} \zeta_2(s) = +\infty$$

であり，

$$\lim_{s \to 1} Z_+(s) = +\infty$$

となることがわかる．

一方，

$$\log L(s) = \sum_{p\,:\,奇素数} \log\Bigl(\frac{1}{1-(-1)^{\frac{p-1}{2}}p^{-s}}\Bigr)$$

$$= \sum_{p\,:\,奇素数} \sum_{m=1}^{\infty} \frac{(-1)^{\frac{p-1}{2}m}}{m} p^{-ms}$$

$$= \sum_{p\,:\,奇素数} (-1)^{\frac{p-1}{2}} p^{-s} + \sum_{p\,:\,奇素数} \sum_{m=2}^{\infty} \frac{(-1)^{\frac{p-1}{2}m}}{m} p^{-ms}$$

となるので

$$Z_-(s) = \sum_{p\,:\,奇素数} (-1)^{\frac{p-1}{2}} p^{-s}$$

$$= -\frac{1}{3^s} + \frac{1}{5^s} - \frac{1}{7^s} - \frac{1}{11^s} + \frac{1}{13^s} + \frac{1}{17^s} - \cdots,$$

$$R_-(s) = \sum_{p\,:\,奇素数} \sum_{m=2}^{\infty} \frac{(-1)^{\frac{p-1}{2}m}}{m} p^{-ms}$$

とおくと

$$Z_-(s) = \log L(s) - R_-(s)$$

となる．ここで

$$|R_-(s)| \leqq \sum_{p\,:\,奇素数} \sum_{m=2}^{\infty} \Bigl|\frac{(-1)^{\frac{p-1}{2}m}}{m} p^{-ms}\Bigr|$$

$$= \sum_{p\,:\,奇素数} \sum_{m=2}^{\infty} \frac{1}{m} p^{-ms}$$

$$= R_+(s)$$

$$< 1$$

もわかる．ここで，
$$\lim_{s \to 1} L(s) = L(1) = \frac{\pi}{4}$$
を使う．高校数学によく出てくる
$$1 - \frac{1}{3} + \frac{1}{5} - \frac{1}{7} + \frac{1}{9} - \frac{1}{11} + \cdots = \frac{\pi}{4}$$
という等式である．証明は
$$\frac{1}{1+x^2} = 1 - x^2 + x^4 - x^6 + x^8 - x^{10} + \cdots$$
を 0 から 1 まで積分すれば得られる：
$$\int_0^1 \frac{1}{1+x^2}\,dx = \int_0^1 (1 - x^2 + x^4 - x^6 + x^8 - x^{10} + \cdots)\,dx$$
$$= \left[x - \frac{x^3}{3} + \frac{x^5}{5} - \frac{x^7}{7} + \frac{x^9}{9} - \frac{x^{11}}{11} + \cdots \right]_0^1$$
$$= 1 - \frac{1}{3} + \frac{1}{5} - \frac{1}{7} + \frac{1}{9} - \frac{1}{11} + \cdots.$$

また，積分において $x = \tan\theta$（θ は 0 から $\frac{\pi}{4}$）と置換積分すると
$$\int_0^1 \frac{1}{1+x^2}\,dx = \int_0^{\frac{\pi}{4}} \frac{1}{1+\tan^2\theta}(\tan\theta)'\,d\theta$$
$$= \int_0^{\frac{\pi}{4}} d\theta$$
$$= \frac{\pi}{4}.$$
$$\left[(\tan\theta)' = \frac{1}{\cos^2\theta} = 1 + \tan^2\theta. \right]$$

したがって，
$$\lim_{s \to 1} Z_-(s) = \log\left(\frac{\pi}{4}\right) - R_-(1)$$
は有限の値になる．

このように準備した上で

$$\sum_{p \equiv 1 \bmod 4} \frac{1}{p^s} = \frac{1}{2}\left(Z_+(s) + Z_-(s)\right),$$

$$\sum_{p \equiv 3 \bmod 4} \frac{1}{p^s} = \frac{1}{2}\left(Z_+(s) - Z_-(s)\right)$$

に注意しよう．ここで，$p \equiv a \bmod N$ とは「p は N で割ると a 余る」ことを略記している．これらを見るには右辺を計算してみればよい：

$$\frac{1}{2}\left(Z_+(s) + Z_-(s)\right) = \frac{1}{2}\left(\sum_{p:\text{奇素数}} p^{-s} + \sum_{p:\text{奇素数}} (-1)^{\frac{p-1}{2}} p^{-s}\right)$$

$$= \sum_{p:\text{奇素数}} \frac{1 + (-1)^{\frac{p-1}{2}}}{2} p^{-s}$$

$$= \sum_{p \equiv 1 \bmod 4} p^{-s},$$

$$\frac{1}{2}\left(Z_+(s) - Z_-(s)\right) = \frac{1}{2}\left(\sum_{p:\text{奇素数}} p^{-s} - \sum_{p:\text{奇素数}} (-1)^{\frac{p-1}{2}} p^{-s}\right)$$

$$= \sum_{p:\text{奇素数}} \frac{1 - (-1)^{\frac{p-1}{2}}}{2} p^{-s}$$

$$= \sum_{p \equiv 3 \bmod 4} p^{-s}$$

と，たしかになっている．

よって，

$$\lim_{s \to 1} \sum_{p \equiv 1 \bmod 4} \frac{1}{p^s} = \frac{1}{2}(\lim_{s \to 1} Z_+(s) + \lim_{s \to 1} Z_-(s))$$

$$= \frac{1}{2}([+\infty] + [\text{有限}])$$

$$= +\infty,$$

$$\lim_{s \to 1} \sum_{p \equiv 3 \bmod 4} \frac{1}{p^s} = \frac{1}{2}(\lim_{s \to 1} Z_+(s) - \lim_{s \to 1} Z_-(s))$$

$$= \frac{1}{2}([+\infty] - [有限])$$

$$= +\infty$$

となって，証明された． [証明終]

オイラーは
$$\frac{1}{3} - \frac{1}{5} + \frac{1}{7} + \frac{1}{11} - \frac{1}{13} - \frac{1}{17} + \frac{1}{19} + \frac{1}{23} - \frac{1}{29} + \frac{1}{31} - \cdots = 0.3349816\cdots$$
となることを示している．これは

$$Z_-(1) = -0.3349816\cdots$$

を言っていることに他ならない．証明の最後の段階で重要だったことは $Z_-(1)$ が有限だということであり，これがわかれば証明は完了したのであった．

オイラーは，さらに，4で割って1余る素数の中でも，100で割って1余る素数（下二桁が01となる素数）を見て，その逆数の和

$$\frac{1}{101} + \frac{1}{401} + \frac{1}{601} + \frac{1}{701} + \frac{1}{1201} + \frac{1}{1301} + \frac{1}{1601} + \frac{1}{1801} + \frac{1}{1901} + \cdots$$

が無限大になること ── したがって，そうなる素数は無限個あること ── を予想している．このことが完全に証明されたのはディリクレによってである．正の整数 $N \geqq 1$ と $a = 1, \ldots, N$ をとる．ただし，a は N と互いに素（共通素因子を持たないこと）であるとする．このときディリクレは

$$\sum_{p \equiv a \bmod N} \frac{1}{p} = \infty$$

を証明した（1837年）．たとえば，オイラーの結果は $N = 4, a = 1, 3$ のときであり，オイラーが予想したのは $N = 100, a = 1$ の場合になる．また，条件をつけない素数の逆数の和が無限大になるという，もともとのオイラーの定理は $N = a = 1$ の場合として含まれている．このディリクレの定理の証明はオイラーの方法を拡張して，mod N の指標（ディリクレ指標）付のゼータ関数（ディリクレのエル関数）を構成して用いるものであり，すっきりした定式化は数学研究法の模範となるものである．

∞ 9 ∞
佐藤−テイト予想への道

オイラーにはじまった，条件付素数分布の研究は，その後の 250 年程で多方面に大きな発展を遂げた．それは，素数の様々なまとめあげ方を与える様々なゼータの発見と連動している．一番簡単なまとめあげ方は，何度も出てきている

$$\zeta(s) = \prod_{p:\text{素数}} (1-p^{-s})^{-1}$$

であり，少し変化を持たせたまとめあげが

$$L(s) = \prod_{p:\text{奇素数}} (1-(-1)^{\frac{p-1}{2}} p^{-s})^{-1}$$

である．後者は，4 で割った余りが 1 になる素数の分布や，4 で割った余りが 3 になる素数の分布の研究に，前節のとおりオイラーが使っていた．

この方式を一段と深めたものが高次のゼータである．それは，1916 年にラマヌジャン (1887–1920) によって発見された．彼は南インド生れの天才数学者でありイギリスのケンブリッジ大学のハーディのところに滞在して研究し，画期的な発見を数多く成した．残念なことに，若くして 32 才で亡くなった．ラマヌジャンの発見を例で述べよう．

いま，

$$F(x) = x \prod_{n=1}^{\infty} (1-x^n)^2 (1-x^{11n})^2$$

と

$$G(x) = x \prod_{n=1}^{\infty} (1-x^n)^{24}$$

を考える．これは

$$F(x) = x(1-x)^2(1-x^{11})^2(1-x^2)^2(1-x^{22})^2(1-x^3)^2(1-x^{33})^2\cdots$$
$$= x(1-2x+x^2)(1-2x^2+x^4)(1-2x^3+x^6)\cdots$$
$$= x - 2x^2 - x^3 + 2x^4 + \cdots,$$
$$G(x) = x(1-x)^{24}(1-x^2)^{24}(1-x^3)^{24}(1-x^4)^{24}\cdots$$
$$= x(1-24x+276x^2+\cdots)(1-24x^2+\cdots)\cdots$$
$$= x - 24x^2 + 252x^3 + \cdots$$

のように展開できる．計算の達人だったラマヌジャンは

$$F(x) = \sum_{n=1}^{\infty} a(n)x^n,$$
$$G(x) = \sum_{n=1}^{\infty} b(n)x^n$$

と展開した係数 $a(n), b(n)$ をたくさん計算して，その様子を観察し，新種の"ゼータ"

$$L(s,F) = \sum_{n=1}^{\infty} a(n)n^{-s},$$
$$L(s,G) = \sum_{n=1}^{\infty} b(n)n^{-s}$$

が素数に関する積（オイラー積と呼ぶ）に

$$L(s,F) = \prod_{\substack{p \neq 11 \\ \text{素数}}} (1-a(p)p^{-s}+p^{1-2s})^{-1} \times (1-a(11)11^{-s})^{-1},$$
$$L(s,G) = \prod_{p:\text{素数}} (1-b(p)p^{-s}+p^{11-2s})^{-1}$$

と分解することを見抜いた．証明は，$L(s,F)$ はヘッケ（1937年），$L(s,G)$ はモーデル（1917年）が与えた．ラマヌジャンは，さらに，不等式

$$|a(p)| < 2p^{\frac{1}{2}},$$

$$|b(p)| < 2p^{\frac{11}{2}}$$

をみたすと予想した．これはラマヌジャン予想として長い間にわたって未解決の問題として残っていたが，$a(p)$ については 1954 年にアイヒラーが証明し，$b(p)$ に対しても 1974 年にドリーニュが証明を完成した．どちらも，数学最高の難問として有名なリーマン予想の話題に深く関連しているので，ここでリーマン予想に一言触れておこう．

オイラーが素数の逆数和は無限大となることを示したのを受けて，約 100 年後のリーマン (1826–1866) は素数のいっそう詳しい分布を調べようとした．具体的には，正の数 x 以下の素数の個数

$$\pi(x) = \#\{p \leqq x \mid p \text{ は素数}\}$$

を求めるのが目標である．リーマンは $\zeta(s)$ の研究を行い，s が複素数の場合の $\zeta(s)$ の様子が鍵を与えることを発見した．とくに，$\zeta(\rho) = 0$ となる虚数 ρ（本質的零点と呼ぶ）が素数と

$$\{\text{素数全体}\} \xrightarrow{\text{フーリエ変換}} \{\text{本質的零点全体}\}$$

という風に関連していることを示したのである (1859 年)．いくぶん簡略化して書くと

$$\prod_{p:\text{素数}}(1-p^{-s})^{-1} = \zeta(s) = \text{``}\prod_{\rho:\text{零点}}\left(1-\frac{s}{\rho}\right)\text{''}\bigg/(s-1)$$

という等式が基になっている．これを $\pi(x)$ に対する具体的な公式として書き上げると，多少複雑ではあるが，次のようになる：

$$\pi(x) = \sum_{m=1}^{\infty} \frac{\mu(m)}{m}\left(\operatorname{li}(x^{\frac{1}{m}}) - \sum_{\rho:\text{本質的零点}} \operatorname{li}(x^{\frac{\rho}{m}}) + \int_{x^{\frac{1}{m}}}^{\infty} \frac{du}{u(u^2-1)\log u}\right).$$

ここで，$\operatorname{li}(x) = \int_0^x \frac{du}{\log u}$ は対数積分と呼ばれる関数であり，

$$\mu(m) = \begin{cases} 1 & \cdots \ m \text{ は相違なる偶数個の素数の積,} \\ -1 & \cdots \ m \text{ は相違なる奇数個の素数の積,} \\ 0 & \cdots \ \text{ある素数の平方で割り切れる } m \end{cases}$$

はメビウス関数である．素数に対して，このような公式があるということだ

けで，想像を超えたすごいことに思える．この公式は，零点 ρ をきちんと決めることまで含めて，人類の英知の証しとして他の惑星文明に対してもひけをとらない誇れるものであろう．

この $\pi(x)$ の公式は

$$\pi(x) = \mathrm{li}(x) + \cdots$$

とはじまるが，この初項 $\mathrm{li}(x)$ が主要な大きさを与える項になっている．対数積分 $\mathrm{li}(x)$ は $\frac{x}{\log x}$ 程度なので

$$\pi(x) \sim \frac{x}{\log x} \quad (x\text{ が無限大に行くとき，比は 1 に行く})$$

という「素数定理」が得られる．(「素数定理」のきちんとした証明はド・ラ・ヴァレ・プーサンとアダマールが独立に 1896 年に与えた.)

リーマンの目標はその先にあり，精密な $\pi(x)$ の公式には本質的零点全体を知ることが必要なことを明らかにし，本質的零点の研究にとりかかったのである．その結果，リーマンは

リーマン予想 本質的零点の実部は $\frac{1}{2}$

に行き着いた．リーマン予想が成立すれば，十分大の x に対して，

$$|\pi(x) - \mathrm{li}(x)| \leq Cx^{\frac{1}{2}} \log x$$

という評価式が成り立つことが知られている (C は定数)．したがって，リーマン予想を仮定すれば $\alpha > \frac{1}{2}$ に対して

$$|\pi(x) - \mathrm{li}(x)| \leq Cx^{\alpha}$$

が成り立つことがわかる．もちろん，α が $\frac{1}{2}$ に近いほど良い評価なので，$\frac{1}{2}$ よりわずかでも大きい α (たとえば $\alpha = \frac{1001}{2000} = 0.5005$) で使いたい．リーマン予想の証明されていない現状では

$$|\pi(x) - \mathrm{li}(x)| \leq Cx^{\alpha}$$

はどんな $\alpha < 1$ (たとえば $\alpha = \frac{999}{1000} = 0.999$) に対しても証明されていない．

さて，このようにして，本質的零点の実部が $\frac{1}{2}$ になるかどうかというリー

マン予想が，19世紀の後半から21世紀のはじめである現在まで大問題となってきたのである．とくに，20世紀はリーマン予想の研究が中心テーマであったと言える．これは，「$\frac{1}{2}$」がどこかに現れれば，リーマン予想に結びつくかも知れないとの考えをもたらした．ラマヌジャン予想はその空気の中で生れている．実際，

$$|a(p)| < 2p^{\frac{1}{2}}$$

であれば

$$a(p) = 2p^{\frac{1}{2}}\cos(\theta_p) \quad (0 < \theta_p < \pi)$$

と書けるので

$$1 - a(p)p^{-s} + p^{1-2s} = 0$$

となる s（零点）は p^{-s} の2次方程式を解くことにより

$$s = \frac{1}{2} + i\frac{\theta_p + 2\pi m}{\log p} \quad (m = 0, \pm 1, \pm 2, \ldots)$$

であるから，s の実部は $\frac{1}{2}$ となることがわかり，

$$|b(p)| < 2p^{\frac{11}{2}}$$

に対しては

$$b(p) = 2p^{\frac{11}{2}}\cos(\theta_p) \quad (0 < \theta_p < \pi)$$

と書いてみると

$$1 - b(p)p^{-s} + p^{11-2s} = 0$$

となる s は

$$s = \frac{11}{2} + i\frac{\theta_p + 2\pi m}{\log p} \quad (m = 0, \pm 1, \pm 2, \ldots)$$

となり，s の実部が $\frac{11}{2} = \frac{1}{2} + 5$ になることがわかる．

ラマヌジャンの予想は，このような時代背景の下，リーマン予想の代数幾何学的対応物に帰着させることによって証明された．その代数幾何学的対応物が1974年にドリーニュによって最終的に証明されたのであったが，それに向けて，代数幾何学をスキーム論によって革新するという巨大な理論構築

はグロタンディークの超人的な仕事によって成し遂げられていた（グロタンディークによる論文の総ページ数は膨大なものであり10000ページに近い）．

佐藤–テイト予想（1963年3月に佐藤幹夫によって定式化された）は，$L(s, F)$ や $L(s, G)$ のようにまとめあげられたゼータに対する条件付素数分布の問題であり，次の形になる：

佐藤–テイト予想 $0 \leq \alpha < \beta \leq \pi$ なる α, β に対して

$$\lim_{x \to \infty} \frac{\#\{p \leq x \mid \alpha \leq \theta_p \leq \beta\}}{\#\{p \leq x \mid p : 素数\}} = \frac{2}{\pi} \int_\alpha^\beta \sin^2 \theta \, d\theta.$$

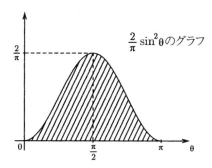

$\frac{2}{\pi} \sin^2 \theta$ のグラフ

念のため再び記しておくと，θ_p は $L(s, F)$ のときは $a(p) = 2p^{\frac{1}{2}} \cos \theta_p$，$L(s, G)$ のときは $b(p) = 2p^{\frac{11}{2}} \cos \theta_p$ と決められた $0 \leq \theta_p \leq \pi$ のことである．この予想では，素数の条件として「$\alpha \leq \theta_p \leq \beta$」を持ってきていて，$\theta_p$ は $\frac{\pi}{2}$ 周辺になることが多いことを言っている．

佐藤–テイト予想は見方を少し変えると $1 - a(p)p^{-s} + p^{1-2s}$ や $1 - b(p)p^{-s} + p^{11-2s}$ の零点の虚部がどのように分布しているかについての言明であるということになる．佐藤–テイト予想が定式化されているゼータは無限個ある．

この佐藤–テイト予想の証明はきわめて難しいと思われてきたが，2006年になってハーバード大学教授のテイラー（Richard Taylor）は大部分の場合を証明し，数学界を驚かせた．上記の例のうち $L(s, F)$ に対する佐藤–テイト予想は証明された．（テイラーは，この場合を含む無限個の場合に佐藤–テイト

予想を証明している.）一方，$L(s,G)$ に対する佐藤–テイト予想は未解決である．この事情を少し説明しよう．いま，$m=1,2,3,\ldots$ に対して

$$L_m(s,F) = \prod_{p\neq 11}\{(1-e^{im\theta_p}p^{-s})(1-e^{i(m-2)\theta_p}p^{-s})$$
$$\cdots(1-e^{-i(m-2)\theta_p}p^{-s})(1-e^{-im\theta_p}p^{-s})\}^{-1}$$

を考える（θ_p は F に対するもの）．これは

$$L_1(s,F) = L\left(s+\frac{1}{2},F\right)(1-11^{-s-\frac{1}{2}})$$

からはじまる無限個のゼータ列である．テイラーは次を証明した：

> $L_m(s,F)$ は s の実部が 1 以上の複素数に対して正則関数として解析接続ができて，その領域において零点がない.

このことの証明は楕円曲線の対称積や保型形式の深い研究が必要であり，困難で長大なものになっている．ただし，このことが証明できれば佐藤–テイト予想が証明できるということは，40 年近く前から知られていたことであった．なぜ，$L(s,G)$ の場合には佐藤–テイト予想が証明できないのかと言うと，$m=1,2,3,\ldots$ に対して

$$L_m(s,G) = \prod_{p}\{(1-e^{im\theta_p}p^{-s})(1-e^{i(m-2)\theta_p}p^{-s})$$
$$\cdots(1-e^{-i(m-2)\theta_p}p^{-s})(1-e^{-im\theta_p}p^{-s})\}^{-1}$$

とした（θ_p は G に対するもの）ときに，「$L_m(s,G)$ は s の実部が 1 以上の複素数に対して正則関数として解析接続ができて，その領域において零点がない」ということを示したいのであるが，今のところできていないのである．この場合は，$L_1(s,G) = L\left(s+\frac{11}{2},G\right)$ からはじまる無限個のゼータの列であり，「楕円曲線の対称積と保型形式」という枠組みをより一層拡張したものにする必要があり，完成していない．

時間をさかのぼると，1995 年に三百年来の難問だったフェルマー予想『自然数 $n\geqq 3$ に対して $a^n+b^n=c^n$ となる自然数 a,b,c は存在しない』がプリンストン大学教授のワイルズ（Andrew Wiles）によって解かれている．その

要点は，楕円曲線のゼータ関数が $L(s,F)$ 型のゼータと一致するという谷山予想（谷山豊が 1955 年に提出）を必要な分だけ証明するというところにあった．ワイルズは最初，1993 年に証明完成を宣言したが，そのときの"証明"には埋められないギャップがあり，その後の一年半程をかけて苦悩のうちに別の方法を模索し，遂に完全な証明に至ったのであった．その最終段階においてワイルズを援けたのがワイルズの元学生だったテイラーであった．フェルマー予想の証明のときは $L(s,F)$ 型のもののみに帰着したが，今回の佐藤–テイト予想の証明では無限個の $L_m(s,F)$ $(m=1,2,3,\ldots)$ が必要になってくる．この意味で，佐藤–テイト予想はフェルマー予想より"無限倍"難しい．

それにつけても，オイラーによる 1 次のゼータの発見（1737 年）をひきついでラマヌジャンが 2 次のゼータを発見（1916 年）したのは 180 年程の期間を隔てているものの，バトンのうけわたしを見る思いがする．ラマヌジャンはタミール語圏の生れで，緑のインクでタミール語による数学ノートを書いていたという．そこに，私のような日本の数論研究者が親しみを感ずるのはタミール語と日本語との親近感によるものではないだろうか．たとえば，タミール語にも日本語の和歌と同じく 5・7・5・7・7 型の歌があるという（大野晋『日本語の起源（新版）』岩波新書，参照）．数に関するこのような深い共感性はいつごろから伝わってきたものだろうか？

●チャレンジ問題●

11⋯11 型の素数を統制する"ゼータ関数"を発見せよ．

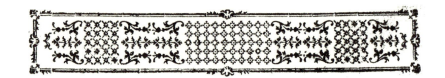

∞ 10 ∞
平方数の逆数の和：オイラーと円周率

オイラーの数多い論文のうちで「出世作」といえるのは1735年に
$$1+\frac{1}{4}+\frac{1}{9}+\frac{1}{25}+\frac{1}{36}+\frac{1}{49}+\frac{1}{64}+\frac{1}{81}+\frac{1}{100}+\cdots=\frac{\pi^2}{6}$$
を証明した論文である．平方数の逆数の和が円周率πになぜ結びつくのだろうか？ ここでは，オイラーのアイディアにもとづいて，無限和を直接求める代わりに有限和に対する公式を出しておく方法を紹介する．

これは，

> **定理** 自然数nに対して
> $$\sum_{k=1}^{n}\frac{1}{\sin^2\frac{k\pi}{2n}}=\frac{2n^2+1}{3}.$$

を証明することが鍵となる．たとえば，$n=1,2,3$のときは
$$\frac{1}{\sin^2\frac{\pi}{2}}=1,$$
$$\frac{1}{\sin^2\frac{\pi}{4}}+\frac{1}{\sin^2\frac{\pi}{2}}=2+1=3,$$
$$\frac{1}{\sin^2\frac{\pi}{6}}+\frac{1}{\sin^2\frac{\pi}{3}}+\frac{1}{\sin^2\frac{\pi}{2}}=4+\frac{4}{3}+1=\frac{19}{3}$$
となり，成立している．

この証明はあとにまわし，このことを使って平方数の逆数和が$\frac{\pi^2}{6}$になることを導いておこう．それには，$0<\theta<\frac{\pi}{2}$のときに

$$0 < \sin\theta < \theta < \tan\theta$$

という有名な不等式から出発する．すると

$$\frac{1}{\tan^2\theta} < \frac{1}{\theta^2} < \frac{1}{\sin^2\theta}$$

となるが，

$$\frac{1}{\tan^2\theta} = \frac{\cos^2\theta}{\sin^2\theta} = \frac{1-\sin^2\theta}{\sin^2\theta} = \frac{1}{\sin^2\theta} - 1$$

なので

$$\frac{1}{\sin^2\theta} - 1 < \frac{1}{\theta^2} < \frac{1}{\sin^2\theta}$$

となる．これは $\theta = \frac{\pi}{2}$ のときも成り立っているので，$\theta = \frac{\pi k}{2n}$ $(k = 1, \ldots, n)$ を代入することができて

$$\frac{1}{\sin^2\frac{k\pi}{2n}} - 1 < \frac{1}{(\frac{k\pi}{2n})^2} < \frac{1}{\sin^2\frac{k\pi}{2n}}$$

が成り立ち，$k = 1, \ldots, n$ について足し合わせると

$$\sum_{k=1}^{n}\Big(\frac{1}{\sin^2\frac{k\pi}{2n}} - 1\Big) < \sum_{k=1}^{n}\frac{1}{(\frac{k\pi}{2n})^2} < \sum_{k=1}^{n}\frac{1}{\sin^2\frac{k\pi}{2n}}$$

となる．ここで，上記の定理から

$$右端 = \frac{2n^2 + 1}{3},$$

$$左端 = \sum_{k=1}^{n}\frac{1}{\sin^2\frac{k\pi}{2n}} - n = \frac{2n^2 - 3n + 1}{3}$$

となり

$$中央 = \frac{4n^2}{\pi^2}\sum_{k=1}^{n}\frac{1}{k^2}$$

となるので

$$\frac{\pi^2}{4n^2} \cdot \frac{2n^2 - 3n + 1}{3} < \sum_{k=1}^{n}\frac{1}{k^2} < \frac{\pi^2}{4n^2} \cdot \frac{2n^2 + 1}{3}$$

が成り立つ．つまり評価式

$$(\star) \quad \frac{\pi^2}{6}\Big(1 - \frac{3}{2n} + \frac{1}{2n^2}\Big) < \frac{1}{1^2} + \frac{1}{2^2} + \cdots + \frac{1}{n^2} < \frac{\pi^2}{6}\Big(1 + \frac{1}{2n^2}\Big)$$

が得られた．ここで $n \to \infty$ とすれば両端は $\frac{\pi^2}{6}$ に行くので中央が $\frac{\pi^2}{6}$ に行くことになり，

$$\frac{1}{1^2} + \frac{1}{2^2} + \frac{1}{3^2} + \cdots = \frac{\pi^2}{6}$$

が証明できた．ここで得られた $(\star)$ や定理を n^2 で割ったものは，$n \to \infty$ の極限で得られる結果より豊富で精密な情報を含んでいることに注意して欲しい．

それでは，定理の証明にうつろう．

まず

$(\star\star)$
$$\begin{cases} \dfrac{\sin(2n\theta)}{n\sin 2\theta} = P_n(\sin^2\theta) \\ \cos(2n\theta) = Q_n(\sin^2\theta) \end{cases}$$

となる多項式

$$P_n(x) = 1 - \frac{2n^2-2}{3}x + \cdots + (-1)^{n-1}\frac{2^{2n-2}}{n}x^{n-1}$$

と

$$Q_n(x) = 1 - 2n^2 x + \cdots + (-1)^n 2^{2n-1} x^n$$

が存在することを，$n = 1, 2, 3, \ldots$ についての帰納法により照明しよう．$n=1$ のときは $P_1(x) = 1, Q_1(x) = 1-2x$ で成り立つ．よって，$P_n(x)$ と $Q_n(x)$ についての仮定から $P_{n+1}(x)$ と $Q_{n+1}(x)$ に対する性質が出てくることを示せばよい．それには，

$$\frac{\sin(2(n+1)\theta)}{(n+1)\sin(2\theta)}$$
$$= \frac{\sin(2n\theta)\cos(2\theta) + \cos(2n\theta)\sin(2\theta)}{(n+1)\sin(2\theta)}$$
$$= \frac{n}{n+1} \cdot \frac{\sin(2n\theta)}{n\sin(2\theta)} \cdot \cos(2\theta) + \frac{1}{n+1}\cos(2n\theta)$$
$$= \frac{n}{n+1} P_n(\sin^2\theta)(1 - 2\sin^2\theta) + \frac{1}{n+1}Q_n(\sin^2\theta),$$

$$\cos(2(n+1)\theta)$$
$$= \cos(2n\theta)\cos(2\theta) - \sin(2n\theta)\sin(2\theta)$$
$$= \cos(2n\theta)\cos(2\theta) - n \cdot \frac{\sin(2n\theta)}{n\sin(2\theta)} \cdot \sin^2(2\theta)$$
$$= Q_n(\sin^2\theta)(1-2\sin^2\theta) - n \cdot P_n(\sin^2\theta) \cdot 4\sin^2\theta(1-\sin^2\theta)$$

であることに注意すると
$$P_{n+1}(x) = \frac{n}{n+1}P_n(x)(1-2x) + \frac{1}{n+1}Q_n(x)$$
$$= \frac{n}{n+1}\Big(1 - \frac{2n^2-2}{3}x + \cdots + (-1)^{n-1}\frac{2^{2n-2}}{n}x^{n-1}\Big)(1-2x)$$
$$\quad + \frac{1}{n+1}(1 - 2n^2 x + \cdots + (-1)^n 2^{2n-1}x^n)$$
$$= 1 - \frac{2n(n+2)}{3}x + \cdots + (-1)^n \frac{2^{2n}}{n+1}x^n,$$

$$Q_{n+1}(x) = Q_n(x)(1-2x) - nP_n(x) \cdot 4x(1-x)$$
$$= (1 - 2n^2 x + \cdots + (-1)^n 2^{2n-1}x^n)(1-2x)$$
$$\quad - n\Big(1 - \frac{2n^2-2}{3}x + \cdots + (-1)^{n-1}\frac{2^{2n-2}}{n}x^{n-1}\Big)4x(1-x)$$
$$= 1 - 2(n+1)^2 x + \cdots + (-1)^{n+1} 2^{2n+1} x^{n+1}$$

となり，成り立つ．したがって，(★★) が証明できた．

とくに，$n \geqq 2$ のとき，$k = 1, \ldots, n-1$ に対して
$$P_n\Big(\sin^2\frac{k\pi}{2n}\Big) = \frac{\sin(k\pi)}{n\sin(\frac{k\pi}{n})} = 0$$
であり，
$$\sin^2\frac{\pi}{2n} < \sin^2\frac{2\pi}{2n} < \cdots < \sin^2\frac{(n-1)\pi}{2n}$$
であるから，$x = \sin^2\frac{k\pi}{2n}$ $(k = 1, \ldots, n-1)$ は $n-1$ 次方程式 $P_n(x) = 0$ の

相異なる $n-1$ 解（根）である．したがって，$P_n(x)$ は

$$\prod_{k=1}^{n-1}\left(x-\sin^2\frac{k\pi}{2n}\right)$$

で割り切れるが，次数が等しいので定数倍である．よって，$x=0$ において値が 1 に直すと

(★★★) $$P_n(x) = \prod_{k=1}^{n-1}\left(1-\frac{x}{\sin^2\frac{k\pi}{2n}}\right)$$

が成り立つことがわかる．

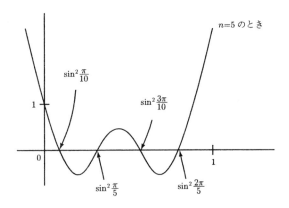

この等式 (★★★) は

$$1 - \frac{2n^2-2}{3}x + \cdots + (-1)^{n-1}\frac{2^{2n-2}}{n}x^{n-1}$$
$$= \left(1-\frac{x}{\sin^2\frac{\pi}{2n}}\right)\left(1-\frac{x}{\sin^2\frac{2\pi}{2n}}\right)\cdots\left(1-\frac{x}{\sin^2\frac{(n-1)\pi}{2n}}\right)$$
$$= 1 - \left(\frac{1}{\sin^2\frac{\pi}{2n}} + \frac{1}{\sin^2\frac{2\pi}{2n}} + \cdots + \frac{1}{\sin^2\frac{(n-1)\pi}{2n}}\right)x + \cdots$$
$$+ (-1)^{n-1}\frac{x^{n-1}}{(\sin\frac{\pi}{2n}\cdots\sin\frac{(n-1)\pi}{2n})^2}$$

であることを言っており，x の係数を比較することによって
$$\frac{1}{\sin^2\frac{\pi}{2n}} + \frac{1}{\sin^2\frac{2\pi}{2n}} + \cdots + \frac{1}{\sin^2\frac{(n-1)\pi}{2n}} = \frac{2n^2-2}{3}$$
を得る．この両辺に $\frac{1}{\sin^2\frac{n\pi}{2n}} = 1$ を足すと定理になる． ［証明終］

なお，x^{n-1} の係数を比較することにより
$$\sin\frac{\pi}{2n}\sin\frac{2\pi}{2n}\cdots\sin\frac{(n-1)\pi}{2n} = \frac{\sqrt{n}}{2^{n-1}}$$
が出る．たとえば，$n = 2, 3, 4, 5$ のときは
$$\sin\frac{\pi}{4} = \frac{\sqrt{2}}{2},$$
$$\sin\frac{\pi}{6}\sin\frac{\pi}{3} = \frac{\sqrt{3}}{4},$$
$$\sin\frac{\pi}{8}\sin\frac{\pi}{4}\sin\frac{3\pi}{8} = \frac{\sqrt{4}}{8} = \frac{1}{4},$$
$$\sin\frac{\pi}{10}\sin\frac{\pi}{5}\sin\frac{3\pi}{10}\sin\frac{2\pi}{5} = \frac{\sqrt{5}}{16}$$
である．

さて，(★★★) は
$$\frac{\sin(2n\theta)}{n\sin(2\theta)} = \prod_{k=1}^{n-1}\left(1 - \frac{\sin^2\theta}{\sin^2\frac{k\pi}{2n}}\right)$$
を意味している．ここで，θ を $\frac{x}{2n}$ でおきかえると
$$\frac{\sin x}{n\sin\frac{x}{n}} = \prod_{k=1}^{n-1}\left(1 - \frac{\sin^2\frac{x}{2n}}{\sin^2\frac{k\pi}{2n}}\right)$$
となる．さらに $n \to \infty$ とすると
$$\frac{\sin x}{x} = \prod_{k=1}^{\infty}\left(1 - \frac{x^2}{k^2\pi^2}\right)$$
が得られる（積の中での極限を取ることについては注意が必要であるが）．つまり

$$\sin x = x \prod_{k=1}^{\infty}\left(1 - \frac{x^2}{k^2\pi^2}\right)$$
$$= x\left(1 - \frac{x^2}{\pi^2}\right)\left(1 - \frac{x^2}{4\pi^2}\right)\left(1 - \frac{x^2}{9\pi^2}\right)\left(1 - \frac{x^2}{16\pi^2}\right)\cdots$$

であり，これが，オイラーが

$$1 + \frac{1}{4} + \frac{1}{9} + \frac{1}{16} + \cdots = \frac{\pi^2}{6}$$

の証明に最初に使った $\sin x$ の無限積分解である．実際，この無限積分解表示から

$$\sin x = x\left\{1 - \left(1 + \frac{1}{4} + \frac{1}{9} + \frac{1}{16} + \cdots\right)\frac{x^2}{\pi^2} + \cdots\right\}$$
$$= x - \left(1 + \frac{1}{4} + \frac{1}{9} + \frac{1}{16} + \cdots\right)\frac{x^3}{\pi^2} + \cdots$$

となるので，$\sin x$ のべき級数展開（テイラー展開）

$$\sin x = x - \frac{x^3}{6} + \cdots$$

を用いれば

$$\left(1 + \frac{1}{4} + \frac{1}{9} + \frac{1}{16} + \cdots\right)\frac{1}{\pi^2} = \frac{1}{6}$$

つまり

$$1 + \frac{1}{4} + \frac{1}{9} + \frac{1}{16} + \cdots = \frac{\pi^2}{6}$$

が（再び）得られる．

●素数と円周率●

ここで証明したように，自然数の平方の逆数の和が円周率と関連するのであった．それでは，素数と円周率とは関連しているのであろうか？ 実は，この問題は，これまでに話したことにヒントが含まれている．それは

$$\prod_{p:\text{素数}}\left(1 - \frac{1}{p^s}\right)^{-1} = \zeta(s) = \sum_{n=1}^{\infty}\frac{1}{n^s}$$

というオイラー積表示において $s = 2$ とすると

$$\prod_{p:\text{素数}}\left(1-\frac{1}{p^2}\right)^{-1}=\zeta(2)=\sum_{n=1}^{\infty}\frac{1}{n^2}=\frac{\pi^2}{6}$$

となるのであるから，少し簡単にすると

$$\prod_{p:\text{素数}}\left(1-\frac{1}{p^2}\right)=\frac{6}{\pi^2}$$

という「素数と円周率の関係」が得られる．また，第8節の

$$\prod_{p:\text{奇素数}}\left(1-\frac{(-1)^{\frac{p-1}{2}}}{p^s}\right)^{-1}=L(s)=\sum_{n=1}^{\infty}\frac{(-1)^{\frac{n-1}{2}}}{n^s}$$

において $s=1$ とすると

$$\prod_{p:\text{奇素数}}\left(1-\frac{(-1)^{\frac{p-1}{2}}}{p}\right)^{-1}=L(1)=\sum_{n=1}^{\infty}\frac{(-1)^{\frac{n-1}{2}}}{n}=\frac{\pi}{4}$$

から

$$\prod_{p:\text{奇素数}}\left(1-\frac{(-1)^{\frac{p-1}{2}}}{p}\right)=\frac{4}{\pi}$$

が得られる．[なお，$L(1)=\frac{\pi}{4}$ という式は17世紀後半にライプニッツやグレゴリーが求めたというのが長い間の定説になっていたが，南インドのマーダヴァが1400年頃に出版した本にも書いてあるとのことであり，ここでもインドの先行性が表れている．] 上の式は $p=3,5,7,11,13,\ldots$ の順に掛けて行くときの式であり，収束は遅いのだが（計算機が使える人は試してみて欲しい；収束せずに振動していくような感じもうけるかも知れない）ちゃんと $\frac{4}{\pi}$ に収束する．これも「素数と円周率の関係」である．

●チャレンジ問題●

$\sin x$ の代わりに他の適当な関数に対して，この節と同様のことを行え．

∞ 11 ∞
オイラーからの三角関数の発展

オイラーが示した三角関数の無限積分解表示

$$\sin x = x \prod_{n=1}^{\infty}\left(1 - \frac{x^2}{n^2\pi^2}\right)$$

からの発展はその後どうなっただろうか？ 簡単に見ておこう．

まず，積の中を簡明にするために

$$\sin(\pi x) = \pi x \prod_{n=1}^{\infty}\left(1 - \frac{x^2}{n^2}\right)$$

にしておく．これによって，零点が $x = 0, \pm 1, \pm 2, \ldots$ の整数全体と見通し良くなる．次に，2倍したものを

$$S_1(x) = 2\sin(\pi x) = 2\pi x \prod_{n=1}^{\infty}\left(1 - \frac{x^2}{n^2}\right)$$

とおく．この2倍することも話を簡単にするのに役に立つ．たとえば第10節で見たように

$$\prod_{k=1}^{n-1}\sin\left(\frac{\pi k}{2n}\right) = \frac{\sqrt{n}}{2^{n-1}}$$

であったが，これは

$$\prod_{k=1}^{n-1} S_1\left(\frac{k}{2n}\right) = \sqrt{n}$$

と書ける．さらに美しい式

$$\prod_{k=1}^{n-1} S_1\left(\frac{k}{n}\right) = n$$

も成り立つ．というのは，三角関数の 2 倍角の公式を使うと

$$S_1\left(\frac{k}{n}\right) = 2\sin\left(\frac{\pi k}{n}\right)$$

$$= 4\sin\left(\frac{\pi k}{2n}\right)\cos\left(\frac{\pi k}{2n}\right)$$

$$= 2\sin\left(\frac{\pi k}{2n}\right) \cdot 2\sin\left(\frac{\pi(n-k)}{2n}\right)$$

$$= S_1\left(\frac{k}{2n}\right) S_1\left(\frac{n-k}{2n}\right)$$

となるので

$$\prod_{k=1}^{n-1} S_1\left(\frac{k}{n}\right) = \prod_{k=1}^{n-1} S_1\left(\frac{k}{2n}\right) S_1\left(\frac{n-k}{2n}\right)$$

$$= \prod_{k=1}^{n-1} S_1\left(\frac{k}{2n}\right) \times \prod_{k=1}^{n-1} S_1\left(\frac{n-k}{2n}\right)$$

$$= \sqrt{n} \times \sqrt{n}$$

$$= n$$

となるからである．

　三角関数を一般化することは，19 世紀に隆盛を極めた楕円関数が代表的である．オイラーは楕円関数の生みの親でもある．その流れはアーベル関数等へと続いている．この面は名著

高木貞治『近世数学史談』

にガウス，アーベル，ヤコビを中心に臨場感あふれる筆で書かれているので，ぜひ読んで欲しい．

　ここでは，近年活発に研究されはじめた別の方向に触れたい．それは多重三角関数であり，1880 年代のヘルダー (Hölder) の研究にさかのぼる．ヘルダーは

$$F(x) = e^x \prod_{n=1}^{\infty} \left\{ \left(\frac{1-\frac{x}{n}}{1+\frac{x}{n}}\right)^n e^{2x} \right\}$$

を研究したのであった（記号も当時のもの）．ただし，その意義はあまり理解されなかったように見える．それは，ヘルダーの研究では $F(x)$ は孤立していて，三角関数の一般化としての解釈やより高次のものはどうなるかという視点が示されていなかったことも原因である．

私はヘルダーの研究にならって，二十年程前から多重三角関数 $S_r(x)$ ($r = 1, 2, 3, \ldots$) を導入し研究を行ってきた．それは

$$S_1(x) = 2\sin(\pi x) = 2\pi x \prod_{n=1}^{\infty} \left(1 - \frac{x^2}{n^2}\right) \qquad : \text{オイラー}$$

$$S_2(x) = F(x) = e^x \prod_{n=1}^{\infty} \left\{ \left(\frac{1-\frac{x}{n}}{1+\frac{x}{n}}\right)^n e^{2x} \right\} \qquad : \text{ヘルダー}$$

$$S_3(x) = e^{\frac{x^2}{2}} \prod_{n=1}^{\infty} \left\{ \left(1 - \frac{x^2}{n^2}\right)^{n^2} e^{x^2} \right\}$$

$$\cdots$$

と続くものであり，一般の $r \geqq 2$ に対しては

$$S_r(x) = e^{\frac{x^{r-1}}{r-1}} \prod_{n=1}^{\infty} \left\{ P_r\left(\frac{x}{n}\right) P_r\left(-\frac{x}{n}\right)^{(-1)^{r-1}} \right\}^{n^{r-1}}$$

と定義する．ここで，

$$P_r(x) = (1-x)\exp\left(x + \frac{x^2}{2} + \cdots + \frac{x^r}{r}\right).$$

特徴的な性質を簡単な場合にいくつか書いておこう．

(1) 対称性：

$$S_1(-x) = -S_1(x),$$
$$S_2(-x) = S_2(x)^{-1},$$
$$S_3(-x) = S_3(x).$$

(2) 周期性：
$$S_1(x+1) = -S_1(x),$$
$$S_2(x+1) = -S_2(x)S_1(x),$$
$$S_3(x+1) = -S_3(x)S_2(x)^2 S_1(x).$$

(3) **2 分値**：
$$S_1\left(\frac{1}{2}\right) = 2,$$
$$S_2\left(\frac{1}{2}\right) = 2^{\frac{1}{2}},$$
$$S_3\left(\frac{1}{2}\right) = 2^{\frac{1}{4}} \exp\left(-\frac{7\zeta(3)}{8\pi^2}\right).$$

(4) **n 分値の積**：
$$\prod_{k=1}^{n-1} S_1\left(\frac{k}{n}\right) = n,$$
$$\prod_{k=1}^{n-1} S_2\left(\frac{k}{n}\right) = \sqrt{n}.$$

これらの性質は一般の $S_r(x)$ に対しても証明することができるものであり，その際には正規化した多重三角関数を導入すると状況が透明になってくる．あとで述べるように $S_2\left(\frac{1}{2}\right) = \sqrt{2}$ は，意外なことに，オイラーが計算していた有名な積分

$$\int_0^{\frac{\pi}{2}} \log(\sin x)\, dx = -\frac{\pi}{2}\log 2$$

の言い換えになっている．また，$S_3\left(\frac{1}{2}\right)$ に対する式は

$$\zeta(3) = \frac{8\pi^2}{7}\left(S_3\left(\frac{1}{2}\right)^{-1} 2^{\frac{1}{4}}\right)$$

という，値の解明が済んでいない

$$\zeta(3) = 1 + \frac{1}{8} + \frac{1}{27} + \frac{1}{64} + \frac{1}{125} + \cdots$$

に対する表示にもなっている．

証明に簡単に触れておこう．(1)–(4) の $S_1(x)$ に関する部分は既に話したとおりである．また，(1) は定義から簡単にわかる．(2)–(4) を $S_2(x)$, $S_3(x)$ に対して示すには

$$S_2(x) = \exp\Bigl(\int_0^x \pi t \cot(\pi t)\,dt\Bigr),$$

$$S_3(x) = \exp\Bigl(\int_0^x \pi t^2 \cot(\pi t)\,dt\Bigr)$$

という表示を用いる．この表示を見るには，まず

$$2\sin(\pi x) = S_1(x) = 2\pi x \prod_{n=1}^{\infty}\Bigl(1 - \frac{x^2}{n^2}\Bigr)$$

の各辺の対数をとってから微分すると

$$\pi\cot(\pi x) = \frac{S_1'(x)}{S_1(x)} = \frac{1}{x} + \sum_{n=1}^{\infty} \frac{2x}{x^2 - n^2}$$

となることに注意しておく．次に

$$S_2(x) = e^x \prod_{n=1}^{\infty}\Bigl\{\Bigl(\frac{1-\frac{x}{n}}{1+\frac{x}{n}}\Bigr)^n e^{2x}\Bigr\}$$

の対数をとった

$$\log S_2(x) = x + \sum_{n=1}^{\infty}\Bigl\{n\log\Bigl(1-\frac{x}{n}\Bigr) - n\log\Bigl(1+\frac{x}{n}\Bigr) + 2x\Bigr\}$$

を微分すると

$$\begin{aligned}\frac{S_2'(x)}{S_2(x)} &= 1 + \sum_{n=1}^{\infty}\Bigl\{\frac{n}{x-n} - \frac{n}{x+n} + 2\Bigr\} \\ &= 1 + \sum_{n=1}^{\infty} \frac{2x^2}{x^2 - n^2} \\ &= x\Bigl(\frac{1}{x} + \sum_{n=1}^{\infty}\frac{2x}{x^2-n^2}\Bigr) \\ &= x\frac{S_1'(x)}{S_1(x)}\end{aligned}$$

$$= \pi x \cot(\pi x)$$

となるので，$S_2(0) = 1$ であることに注意すると

$$S_2(x) = \exp\Bigl(\int_0^x \pi t \cot(\pi t)\,dt\Bigr)$$

を得る．$S_3(x)$ の場合も同様にすると

$$\log S_3(x) = \frac{x^2}{2} + \sum_{n=1}^{\infty}\Bigl\{n^2 \log\Bigl(1 - \frac{x^2}{n^2}\Bigr) + x^2\Bigr\}$$

を微分して

$$\frac{S_3'(x)}{S_3(x)} = x + \sum_{n=1}^{\infty}\Bigl\{\frac{2n^2 x}{x^2 - n^2} + 2x\Bigr\}$$

$$= x + \sum_{n=1}^{\infty}\frac{2x^3}{x^2 - n^2}$$

$$= x^2\Bigl(\frac{1}{x} + \sum_{n=1}^{\infty}\frac{2x}{x^2 - n^2}\Bigr)$$

$$= x^2 \frac{S_1'(x)}{S_1(x)}$$

$$= \pi x^2 \cot(\pi x)$$

から $S_3(0) = 1$ を用いると

$$S_3(x) = \exp\Bigl(\int_0^x \pi t^2 \cot(\pi t)\,dt\Bigr)$$

を得る．

次に，(2) の前に (3) を先に示しておく．

(3) の証明： まず

$$S_2\Bigl(\frac{1}{2}\Bigr) = \exp\Bigl(\int_0^{\frac{1}{2}} \pi t \cot(\pi t)\,dt\Bigr)$$

だから部分積分と積分変数変換により

$$\log S_2\Bigl(\frac{1}{2}\Bigr) = \int_0^{\frac{1}{2}} \pi t \cot(\pi t)\,dt$$

$$= \left[t \cdot \log(\sin \pi t)\right]_0^{\frac{1}{2}} - \int_0^{\frac{1}{2}} \log(\sin \pi t)\, dt$$

$$= -\int_0^{\frac{1}{2}} \log(\sin \pi t)\, dt$$

$$= -\frac{1}{\pi} \int_0^{\frac{\pi}{2}} \log(\sin x)\, dx$$

となる．ここで，オイラーの定積分

$$\int_0^{\frac{\pi}{2}} \log(\sin x)\, dx = -\frac{\pi}{2} \log 2$$

を用いると

$$\log S_2\left(\frac{1}{2}\right) = \frac{1}{2} \log 2$$

となり

$$S_2\left(\frac{1}{2}\right) = \sqrt{2}$$

と求まる．オイラーの定積分は技巧的な計算として有名である．次のように行う：

$$I = \int_0^{\frac{\pi}{2}} \log(\sin x)\, dx$$

とおくと積分変数を x から $\frac{\pi}{2} - x$ にとりかえて

$$I = \int_0^{\frac{\pi}{2}} \log\left(\sin\left(\frac{\pi}{2} - x\right)\right) dx$$

$$= \int_0^{\frac{\pi}{2}} \log\left(\cos x\right) dx$$

だから

$$2I = \int_0^{\frac{\pi}{2}} \{\log(\sin x) + \log(\cos x)\}\, dx$$

$$= \int_0^{\frac{\pi}{2}} \log(\sin x \cos x)\, dx$$

$$= \int_0^{\frac{\pi}{2}} \log\left(\frac{\sin 2x}{2}\right) dx$$

$$= -\frac{\pi}{2}\log 2 + \int_0^{\frac{\pi}{2}} \log(\sin 2x)\,dx$$

となるので，再び積分変数の変換（x を $\frac{x}{2}$ に）により

$$2I = -\frac{\pi}{2}\log 2 + \frac{1}{2}\int_0^{\pi} \log(\sin x)\,dx$$

$$= -\frac{\pi}{2}\log 2 + I.$$

したがって

$$I = -\frac{\pi}{2}\log 2$$

とわかる．

次に $S_3\left(\frac{1}{2}\right)$ を計算する．部分積分により

$$\log S_3\left(\frac{1}{2}\right) = \int_0^{\frac{1}{2}} \pi t^2 \cot(\pi t)\,dt$$

$$= \left[t^2 \cdot \log(\sin \pi t)\right]_0^{\frac{1}{2}} - \int_0^{\frac{1}{2}} 2t \cdot \log(\sin \pi t)\,dt$$

$$= -2\int_0^{\frac{1}{2}} t \cdot \log(\sin \pi t)\,dt$$

となるので，オイラーの公式

$$\log(\sin \pi t) = -\log 2 - \sum_{n=1}^{\infty} \frac{\cos(2\pi n t)}{n}$$

を用いる（オイラーは「フーリエ展開」と言われるずっと前にこの公式を出していた）と

$$\int_0^{\frac{1}{2}} t\log(\sin \pi t)\,dt = \int_0^{\frac{1}{2}} t\left\{-\log 2 - \sum_{n=1}^{\infty} \frac{\cos(2\pi n t)}{n}\right\}dt$$

$$= -(\log 2)\frac{1}{8} - \sum_{n=1}^{\infty} \frac{1}{n}\int_0^{\frac{1}{2}} t\cos(2\pi n t)\,dt$$

となる．ここで，部分積分を 2 回すると

$$\int_0^{\frac{1}{2}} t\cos(2\pi n t)\,dt = \left[t \cdot \frac{\sin(2\pi n t)}{2\pi n}\right]_0^{\frac{1}{2}} - \int_0^{\frac{1}{2}} \frac{\sin(2\pi n t)}{2\pi n}\,dt$$

$$= -\frac{1}{2\pi n}\int_0^{\frac{1}{2}} \sin(2\pi nt)\,dt$$

$$= -\frac{1}{2\pi n}\Big[-\frac{\cos(2\pi nt)}{2\pi n}\Big]_0^{\frac{1}{2}}$$

$$= \frac{(-1)^n - 1}{4\pi^2 n^2}$$

$$= \begin{cases} -\dfrac{1}{2\pi^2 n^2} & \cdots n \text{ が奇数のとき,} \\ 0 & \cdots n \text{ が偶数のとき} \end{cases}$$

となる.したがって

$$\int_0^{\frac{1}{2}} t\cdot\log(\sin\pi t)\,dt = -\frac{1}{8}\log 2 + \frac{1}{2\pi^2}\sum_{n:\text{奇数}}\frac{1}{n^3}$$

を得る.そこで,

$$\sum_{n:\text{奇数}}\frac{1}{n^3} = 1 + \frac{1}{3^3} + \frac{1}{5^3} + \frac{1}{7^3} + \frac{1}{9^3} + \cdots$$

$$= \Big(1 + \frac{1}{2^3} + \frac{1}{3^3} + \cdots\Big) - \Big(\frac{1}{2^3} + \frac{1}{4^3} + \frac{1}{6^3} + \cdots\Big)$$

$$= \zeta(3) - \frac{1}{2^3}\zeta(3)$$

$$= \frac{7}{8}\zeta(3)$$

を使うことにより

$$\log S_3\Big(\frac{1}{2}\Big) = \frac{\log 2}{4} - \frac{7\zeta(3)}{8\pi^2},$$

つまり

$$S_3\Big(\frac{1}{2}\Big) = 2^{\frac{1}{4}}\exp\Big(-\frac{7\zeta(3)}{8\pi^2}\Big)$$

が証明された.

(2) の証明:まず

$$f(x) = \frac{S_2(x+1)}{S_2(x)S_1(x)}$$

とおき，対数をとって微分すると

$$\frac{f'(x)}{f(x)} = \frac{S_2'(x+1)}{S_2(x+1)} - \left\{\frac{S_2'(x)}{S_2(x)} + \frac{S_1'(x)}{S_1(x)}\right\}$$
$$= \pi(x+1)\cot(\pi(x+1)) - \left\{\pi x\cot(\pi x) + \pi\cot(\pi x)\right\}$$
$$= 0$$

なので，$f(x)$ は定数であり，

$$f\left(-\frac{1}{2}\right) = \frac{S_2(\frac{1}{2})}{S_2(-\frac{1}{2}S_1(-\frac{1}{2})} \stackrel{(1)}{=} -\frac{S_2(\frac{1}{2})^2}{2} \stackrel{(3)}{=} -1$$

より $f(x)$ は定数 -1. よって $S_2(x+1) = -S_2(x)S_1(x)$. 次に

$$g(x) = \frac{S_3(x+1)}{S_3(x)S_2(x)^2S_1(x)}$$

とおくと

$$\frac{g'(x)}{g(x)} = \frac{S_3'(x+1)}{S_3(x+1)} - \left\{\frac{S_3'(x)}{S_3(x)} + 2\frac{S_2'(x)}{S_2(x)} + \frac{S_1'(x)}{S_1(x)}\right\}$$
$$= \pi(x+1)^2\cot(\pi(x+1)) - \left\{\pi x^2\cot(\pi x) + 2\pi x\cot(\pi x) + \pi\cot(\pi x)\right\}$$
$$= 0$$

より $g(x)$ は定数であり，

$$g\left(-\frac{1}{2}\right) = \frac{S_3(\frac{1}{2})}{S_3(-\frac{1}{2})S_2(-\frac{1}{2})^2S_1(-\frac{1}{2})}$$

$$\stackrel{(1)}{=} -\frac{S_2(\frac{1}{2})^2}{2} \stackrel{(3)}{=} -1$$

となることから $g(x)$ は定数 -1. よって

$$S_3(x+1) = -S_3(x)S_2(x)^2S_1(x).$$

(4) の証明：まず

$$S_2(1-x) = S_2(x)^{-1}S_1(x)$$

に注意しておこう．このことは (1) (2) から

$$S_2(1-x) \stackrel{(2)}{=} -S_2(-x)S_1(-x)$$
$$\stackrel{(1)}{=} -S_2(x)^{-1} \cdot (-S_1(x))$$
$$= S_2(x)^{-1} S_1(x)$$

とわかる．したがって

$$S_2(x) S_2(1-x) = S_1(x)$$

である．これを使うと

$$\Big(\prod_{k=1}^{n-1} S_2\Big(\frac{k}{n}\Big)\Big)^2 = \prod_{k=1}^{n-1} S_2\Big(\frac{k}{n}\Big) \prod_{k=1}^{n-1} S_2\Big(\frac{n-k}{n}\Big)$$
$$= \prod_{k=1}^{n-1} S_2\Big(\frac{k}{n}\Big) S_2\Big(\frac{n-k}{n}\Big)$$
$$= \prod_{k=1}^{n-1} S_1\Big(\frac{k}{n}\Big)$$

となるので

$$\prod_{k=1}^{n-1} S_1\Big(\frac{k}{n}\Big) = n$$

より

$$\prod_{k=1}^{n-1} S_2\Big(\frac{k}{n}\Big) = \sqrt{n}$$

とわかる．このようにして，(1)–(4) の証明が完了した．

● 演習問題 ●

オイラーの公式

$$\log(\sin x) = -\log 2 - \sum_{n=1}^{\infty} \frac{\cos(2\pi n x)}{n}$$

を用いてオイラーの積分

$$\int_0^{\frac{\pi}{2}} \log(\sin x)\, dx = -\frac{\pi}{2} \log 2$$

を導け．

この話のついでに，(2) の $S_3(\frac{1}{2})$ の表示から
$$\zeta(3) = \frac{\pi^2}{7}\Big(2\log 2 - 1 + 2\sum_{m=1}^{\infty}\frac{\zeta(2m)}{(m+1)4^m}\Big)$$
という面白い式も得られることに注意しておこう．これは
$$\zeta(3) = \frac{8\pi^2}{7}\log\Big(S_3\Big(\frac{1}{2}\Big)^{-1} 2^{\frac{1}{4}}\Big)$$
$$= \frac{2\pi^2}{7}\log 2 - \frac{8\pi^2}{7}\log S_3\Big(\frac{1}{2}\Big)$$
に
$$S_3\Big(\frac{1}{2}\Big) = e^{\frac{1}{8}}\prod_{n=1}^{\infty}\Big\{\Big(1-\frac{1}{4n^2}\Big)^{n^2} e^{\frac{1}{4}}\Big\}$$
を代入すればよい．たしかに，
$$\log S_3\Big(\frac{1}{2}\Big) = \frac{1}{8} + \sum_{n=1}^{\infty}\Big\{n^2\log\Big(1-\frac{1}{4n^2}\Big)+\frac{1}{4}\Big\}$$
$$= \frac{1}{8} - \sum_{n=1}^{\infty}\sum_{m=2}^{\infty} n^2\frac{1}{m\cdot(4n^2)^m}$$
$$= \frac{1}{8} - \sum_{m=2}^{\infty}\frac{1}{m\cdot 4^m}\Big(\sum_{n=1}^{\infty}\frac{1}{n^{2m-2}}\Big)$$
$$= \frac{1}{8} - \sum_{m=2}^{\infty}\frac{\zeta(2m-2)}{m\cdot 4^m}$$
$$= \frac{1}{8} - \frac{1}{4}\sum_{m=1}^{\infty}\frac{\zeta(2m)}{(m+1)4^m}$$
から
$$\zeta(3) = \frac{\pi^2}{7}\Big(2\log 2 - 1 + 2\sum_{m=1}^{\infty}\frac{\zeta(2m)}{(m+1)4^m}\Big)$$
となる．さらに，面白いことには

$$\zeta(3) = \frac{\pi^2}{7}\Big(2\log\pi - 1 - 2\sum_{m=1}^{\infty}\frac{\zeta(2m)}{m(m+1)4^m}\Big)$$

という，一見するとよく似ている式も得られる．ただし，$\log 2$ が $\log\pi$ に $+2$ が -2 に $m+1$ が $m(m+1)$ になど微妙に変化していることに注目して欲しい．こちらも $\log S_3(\frac{1}{2})$ を求めると出る式であるが，今回は

$$\log S_3\Big(\frac{1}{2}\Big) = -2\int_0^{\frac{1}{2}} t\cdot\log(\sin\pi t)\,dt$$

において

$$\sin(\pi t) = \pi t\prod_{n=1}^{\infty}\Big(1 - \frac{t^2}{n^2}\Big)$$

からの

$$\log(\sin\pi t) = \log\pi + \log t + \sum_{n=1}^{\infty}\log\Big(1 - \frac{t^2}{n^2}\Big)$$
$$= \log\pi + \log t - \sum_{m=1}^{\infty}\sum_{n=1}^{\infty}\frac{1}{m}\cdot\frac{t^{2m}}{n^{2m}}$$

を代入して

$$\log S_3\Big(\frac{1}{2}\Big) = -2\int_0^{\frac{1}{2}} t\Big(\log\pi + \log t - \sum_{m=1}^{\infty}\sum_{n=1}^{\infty}\frac{1}{m\cdot n^{2m}}t^{2m}\Big)dt$$
$$= -\frac{1}{4}\log\pi - 2\int_0^{\frac{1}{2}} t\log t\,dt + 2\sum_{m=1}^{\infty}\sum_{n=1}^{\infty}\frac{1}{m\cdot n^{2m}}\int_0^{\frac{1}{2}} t^{2m+1}\,dt$$
$$= -\frac{1}{4}\log\pi + \frac{1}{4}\log 2 + \frac{1}{8} + 2\sum_{m=1}^{\infty}\sum_{n=1}^{\infty}\frac{1}{mn^{2m}}\cdot\frac{(\frac{1}{2})^{2m+2}}{2m+2}$$
$$= -\frac{1}{4}\log\pi + \frac{1}{4}\log 2 + \frac{1}{8} + 2\sum_{m=1}^{\infty}\sum_{n=1}^{\infty}\frac{1}{m(m+1)4^m}\cdot\frac{1}{n^{2m}}$$
$$= -\frac{1}{4}\log\pi + \frac{1}{4}\log 2 + \frac{1}{8} + \frac{1}{4}\sum_{m=1}^{\infty}\frac{\zeta(2m)}{m(m+1)4^m}$$

となるので

$\zeta(3)$

$$= \frac{2\pi^2}{7}\log 2 - \frac{8\pi^2}{7}\Big(-\frac{1}{4}\log\pi + \frac{1}{4}\log 2 + \frac{1}{8} + \frac{1}{4}\sum_{m=1}^{\infty}\frac{\zeta(2m)}{m(m+1)4^m}\Big)$$

$$= \frac{\pi^2}{7}\Big(2\log\pi - 1 - 2\sum_{m=1}^{\infty}\frac{\zeta(2m)}{m(m+1)4^m}\Big)$$

となる.ただし,部分積分により

$$\int_0^{\frac{1}{2}} t\log t\,dt = \Big[\frac{t^2}{2}\log t\Big]_0^{\frac{1}{2}} - \int_0^{\frac{1}{2}}\frac{t}{2}\,dt$$

$$= -\frac{\log 2}{8} - \frac{1}{16}$$

となることを用いている.

ところで,先に出てきたよく似た式との違いを見てみると,

$$\Big\{2\log 2 - 1 + 2\sum_{m=1}^{\infty}\frac{\zeta(2m)}{(m+1)4^m}\Big\} - \Big\{2\log\pi - 1 - 2\sum_{m=1}^{\infty}\frac{\zeta(2m)}{m(m+1)4^m}\Big\}$$

$$= 2\log\frac{2}{\pi} + 2\sum_{m=1}^{\infty}\frac{\zeta(2m)}{(m+1)4^m}\Big(1 + \frac{1}{m}\Big)$$

$$= 2\log\frac{2}{\pi} + 2\sum_{m=1}^{\infty}\frac{\zeta(2m)}{m 4^m}$$

によって

$$\sum_{m=1}^{\infty}\frac{\zeta(2m)}{m 4^m} = \log\Big(\frac{\pi}{2}\Big)$$

という簡明な等式がかくれていることがわかる.この等式は $S_1(\frac{1}{2}) = 2$ の対数をとれば直接得られるものになっている:

$$\log 2 = \log S_1\Big(\frac{1}{2}\Big)$$

$$= \log\Big(2\pi \cdot \frac{1}{2}\prod_{n=1}^{\infty}\Big(1 - \frac{1}{4n^2}\Big)\Big)$$

$$= \log \pi + \sum_{n=1}^{\infty} \log\left(1 - \frac{1}{4n^2}\right)$$

$$= \log \pi - \sum_{m=1}^{\infty} \sum_{n=1}^{\infty} \frac{1}{m} \cdot \frac{1}{4^m \cdot n^{2m}}$$

$$= \log \pi - \sum_{m=1}^{\infty} \frac{\zeta(2m)}{m 4^m}.$$

●チャレンジ問題●

　三角関数とその拡張は楽しい等式の宝庫であり，読者には新しいルートと未踏峰を目指しての挑戦を期待したい．

　オイラーの生まれた4月15日は日本で言うと桜の見頃をやや過ぎたころであるが，3月中旬から咲きだした桜が空をピンクに染めている風情が，まだ感じられる．ただ，オイラーには，現在日本の桜を代表する染井吉野は似合っていないように思う．ある時，しだれ桜の大本を感激して時を忘れて見ていたときに，ふと，オイラーにふさわしいのは滝のように流れるしだれ桜なのではないかと思い至った．オイラーからの三角関数の流れもそのように見ると落ち着く気がする．多重三角関数もオイラーの子である．

∞ 12 ∞
自然数全体の和：オイラー瀑布

オイラーの『全集』を見ていて奇妙な式は数多いが，中でも

$$1 - 2 + 3 - 4 + 5 - 6 + 7 - 8 + 9 - 10 + \cdots = \frac{1}{4}$$

は際立っている気がする．大瀑布のしぶきをあびているような感じがする．この左辺を自然数全体の和から偶数全体の和を 2 倍して引くと見て

$$1 - 2 + 3 - 4 + 5 - 6 + \cdots$$
$$= (1 + 2 + 3 + 4 + 5 + 6 + \cdots) - 2(2 + 4 + 6 + \cdots)$$
$$= (1 + 2 + 3 + \cdots) - 4(1 + 2 + 3 + \cdots)$$
$$= -3(1 + 2 + 3 + \cdots)$$

というように考えると，自然数全体の和の公式

$$1 + 2 + 3 + \cdots = -\frac{1}{12}$$

を意味していると思うことができる．どう見ても無限大になる左辺が $-\frac{1}{12}$ とは，何ということだろうか？これこそ大瀑布に違いない．[この節では，オイラーの言うことに耳を傾けるために，収束のことは考えないことにする．]

オイラーは，いったいどうやってこのような式に至ったのだろうか？
彼はべき級数

$$1 + x + x^2 + x^3 + \cdots = \frac{1}{1-x}$$

から出発する．これを平方すると
$$(1+x+x^2+x^3+\cdots)^2 = \frac{1}{(1-x)^2}$$
となるが，左辺は
$(1+x+x^2+x^3+\cdots)(1+x+x^2+x^3+\cdots) = 1+2x+3x^2+4x^3+\cdots$
となるので，
$$1+2x+3x^2+4x^3+\cdots = \frac{1}{(1-x)^2}$$
となる．オイラーは，ここで $x=-1$ を代入する．すると
$$1-2+3-4+\cdots = \frac{1}{4}$$
がでてくる！［ちょっと注意しておくと，$x=1$ を代入すると
$$1+2+3+4+\cdots = \infty$$
になってしまっている．］

　オイラーのこのような計算は，はじめて見ると意味が不明に見えるかもしれないが，オイラーの時代以後にゼータの研究が進展し，現在ではちゃんとした意味が与えられている．その様子はこれから徐々に見て行こう．

　オイラーは
$$1^2 - 2^2 + 3^2 - 4^2 + \cdots = 0,$$
$$1^2 + 2^2 + 3^2 + 4^2 + \cdots = 0,$$
$$1^3 - 2^3 + 3^3 - 4^3 + \cdots = -\frac{1}{8},$$
$$1^3 + 2^3 + 3^3 + 4^3 + \cdots = \frac{1}{120}$$
などの奇妙な式も出しているので触れておこう．そのためには，微分を使うと速い．さきほどは
$$1+x+x^2+\cdots = \frac{1}{1-x}$$
の平方を作ったが，微分すると
$$1+2x+3x^2+\cdots = \frac{1}{(1-x)^2}$$

が出る．これに x を掛けた
$$x + 2x^2 + 3x^3 + \cdots = \frac{x}{(1-x)^2}$$
を微分すると
$$1 + 2^2 x + 3^2 x^2 + \cdots = \frac{1+x}{(1-x)^3}$$
となる．ここで $x = -1$ とおくと
$$1^2 - 2^2 + 3^2 - 4^2 + \cdots = 0$$
が出る．この左辺を
$$\begin{aligned}
1^2 &- 2^2 + 3^2 - 4^2 + \cdots \\
&= (1^2 + 2^2 + 3^2 + 4^4 + \cdots) - 2(2^2 + 4^2 + 6^2 + \cdots) \\
&= (1^2 + 2^2 + 3^2 + \cdots) - 8(1^2 + 2^2 + 3^2 + \cdots) \\
&= -7(1^2 + 2^2 + 3^2 + \cdots)
\end{aligned}$$
と見ると
$$1^2 + 2^2 + 3^2 + \cdots = 0$$
となる．また，
$$1 + 2^2 x + 3^2 x^2 + \cdots = \frac{1+x}{(1-x)^3}$$
に x を掛けた
$$x + 2^2 x^2 + 3^2 x^3 + \cdots = \frac{x(1+x)}{(1-x)^3}$$
を微分すると
$$1 + 2^3 x + 3^3 x^2 + \cdots = \frac{1 + 4x + x^2}{(1-x)^4}$$
が出る．ここで $x = -1$ とすると
$$1^3 - 2^3 + 3^3 - 4^3 + \cdots = \frac{-2}{2^4} = -\frac{1}{8}$$
となる．[この辺りはオイラー作用素 $\mathcal{E} = x\frac{d}{dx}$ の双対 $\mathcal{E}^* = \frac{d}{dx}x = \mathcal{E} + 1$ を作用させたものと見られる．] この左辺を
$$1^3 - 2^3 + 3^3 - 4^3 + \cdots$$

$$= (1^3 + 2^3 + 3^3 + 4^3 + \cdots) - 2(2^3 + 4^3 + 6^3 + \cdots)$$
$$= (1^3 + 2^3 + 3^3 + \cdots) - 16(1^3 + 2^3 + 3^3 + \cdots)$$
$$= -15(1^3 + 2^3 + 3^3 + \cdots)$$

と見ると
$$1^3 + 2^3 + 3^3 + \cdots = \frac{1}{8 \cdot 15} = \frac{1}{120}$$

となる.

● ゼータと量子力学 ●

オイラーの見た
$$1 + 2 + 3 + \cdots = -\frac{1}{12}$$
や
$$1^3 + 2^3 + 3^3 + \cdots = \frac{1}{120}$$

は 1996 年頃にアメリカのラモロー (Lamoreaux, Physical Review Letters, 1997 年 1 月に論文出版) が実験によって確認した「カシミールエネルギー (カシミール力)」というカシミール (Casimir) が 1948 年に予言し計算した量子力学的力の理論値を与えていた. 自然界は $1 + 2 + 3 + 4 + \cdots$ のように普通なら無限大になってしまうものからでも無限大を差し引く (繰り込む) ことによって意味のある有限値を出しているらしい. 人間の数学がなんとか自然の数学に追いついてきた一例をオイラーの式は示しているであろう.

オイラーは発散級数を愛していた. 収束する級数もあえて発散級数に直して計算するほどであった. たとえば, $\sum_{n=1}^{\infty} n^{-3}$ を計算するには「ゼータの関数等式」で移って $\sum_{n=1}^{\infty} n^2 \log n$ を計算するということになる. 発散級数に真実があらわれていると感じていたからに違いない. ゼータの関数等式とはオイラーが発見した関係式 $\zeta(s) \leftrightarrow \zeta(1-s)$ であり, $\zeta(s)$ か $\zeta(1-s)$ のどちらかは発散級数になっているという仕組みになっていて, オイラーでなければ発見できなかった対称性である.

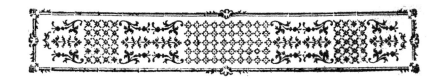

∞ 13 ∞
平均極限からの接近

オイラーの見つけだした
$$1+2+3+\cdots = -\frac{1}{12}$$
や
$$1-2+3-\cdots = \frac{1}{4}$$
は,いずれも通常の手がかりが少ないもので,高いところから落ちてくる滝を見ているような感じである.そこで,ここでは地上からの接近を試みよう.

それは,数列
$$a_n = 1-2+\cdots+(-1)^{n-1}n$$
の高次平均極限を考える方法である.もともと求めたいものは a_n の極限
$$\text{``}a_\infty\text{''} = \text{``}1-2+3-\cdots\text{''}$$
であり,オイラーの言うところは "$a_\infty = \frac{1}{4}$" つまり "a_n が $\frac{1}{4}$ に行く" ということである.ところが,

$$a_1 = 1$$
$$a_2 = 1-2 = -1$$
$$a_3 = 1-2+3 = 2$$
$$a_4 = 1-2+3-4 = -2$$
$$a_5 = 1-2+3-4+5 = 3$$
$$a_6 = 1-2+3-4+5-6 = -3$$

...

からわかるように，$m = 1, 2, 3, \ldots$ に対して

$$\begin{cases} a_{2m-1} = m \\ a_{2m} = -m \end{cases}$$

となるため，a_n は正と負で振動していて，オイラーの言う $\frac{1}{4}$ にはどう見ても行きそうにない．

そこで登場するのが，次に説明する**平均極限**の考えである．

> 極限が存在しなくても平均極限は存在することがある

というところが，解釈が広がる可能性を示唆している．

> **平均極限とは** 数列 a_n $(n = 1, 2, 3, \ldots)$ が与えられたとき，平均数列
> $$b_n = \frac{a_1 + a_2 + a_3 + \cdots + a_n}{n} \quad (n = 1, 2, 3, \ldots)$$
> つまり
> $$b_1 = a_1, \quad b_2 = \frac{a_1 + a_2}{2}, \quad b_3 = \frac{a_1 + a_2 + a_3}{3}, \ldots$$
> を考えて，その極限が存在したら，その値を a_n の平均極限という．

【注意】 もし a_n が α に収束するなら
$$b_n = \frac{a_1 + a_2 + \cdots + a_n}{n}$$
も α に収束することは，いわゆる「ε-δ 論法」を活用して証明することができる．大学レベルの解析の良い演習問題となっている．このことから，平均数列

$$b_n = \frac{a_1 + \cdots + a_n}{n} \quad (n = 1, 2, 3, \ldots)$$

$$c_n = \frac{b_1 + \cdots + b_n}{n} \quad (n = 1, 2, 3, \ldots)$$

$$d_n = \frac{c_1 + \cdots + c_n}{n} \quad (n = 1, 2, 3, \ldots)$$

を作って行ったとき，ある段階で極限が存在すれば，それ以降の平均極限はすべてその極限に一致することもわかる．

●練習問題●

a_n を n 個の 1 に符号を $+-+-\cdots$ と付けて足したものとする：
$$a_n = 1 - 1 + \cdots + (-1)^{n-1}1.$$
このとき a_n の極限と平均極限を求めよ．

[解答]　a_n を求めると
$$\begin{aligned} a_1 &= 1 \\ a_2 &= 1-1 = 0 \\ a_3 &= 1-1+1 = 1 \\ a_4 &= 1-1+1-1 = 0 \\ &\cdots \end{aligned}$$
となり，
$$a_n = \begin{cases} 1 & (n \text{ は奇数}) \\ 0 & (n \text{ は偶数}) \end{cases}$$
とわかる．したがって，a_n の極限は存在しない（振動）．そこで，平均数列 $b_n = \frac{a_1+\cdots+a_n}{n}$ を作ると，
$$\begin{aligned} b_1 &= 1 \\ b_2 &= \frac{1+0}{2} = \frac{1}{2} \\ b_3 &= \frac{1+0+1}{3} = \frac{2}{3} \\ b_4 &= \frac{1+0+1+0}{4} = \frac{2}{4} = \frac{1}{2} \\ b_5 &= \frac{1+0+1+0+1}{5} = \frac{3}{5} \end{aligned}$$

$$b_6 = \frac{1+0+1+0+1+0}{6} = \frac{3}{6} = \frac{1}{2}$$
...

となり,$m = 1, 2, 3, \ldots$ に対して

$$\begin{cases} b_{2m-1} = \dfrac{m}{2m-1} \\ b_{2m} = \dfrac{m}{2m} = \dfrac{1}{2} \end{cases}$$

となることがわかる.したがって

$$\lim_{m \to \infty} b_{2m-1} = \lim_{m \to \infty} b_{2m} = \frac{1}{2}$$

から b_n の極限は $\frac{1}{2}$ となる.つまり a_n の平均極限は $\frac{1}{2}$ である. [解答終]

さて,はじめの場合

$$a_n = 1 - 2 + 3 - 4 + \cdots + (-1)^{n-1} n$$

に戻ろう.このときには,平均数列 b_n を求めると

$$b_1 = 1$$
$$b_2 = \frac{1-1}{2} = 0$$
$$b_3 = \frac{1-1+2}{3} = \frac{2}{3}$$
$$b_4 = \frac{1-1+2-2}{4} = 0$$
$$b_5 = \frac{1-1+2-2+3}{5} = \frac{3}{5}$$
$$b_6 = \frac{1-1+2-2+3-3}{6} = 0$$
...

となり,一般には $m = 1, 2, 3, \ldots$ に対して

$$\begin{cases} b_{2m-1} = \dfrac{m}{2m-1} \\ b_{2m} = 0 \end{cases}$$

となっていることがわかる．よって
$$\lim_{m \to \infty} b_{2m-1} = \frac{1}{2}$$
$$\lim_{m \to \infty} b_{2m} = 0$$
であり，b_n の極限は存在しない（振動する）．そこで，さらに b_n の平均数列 c_n を考えることにする（a_n から見ると「第 2 平均数列」）．すると，b_n が奇数 n については $\frac{1}{2}$ に行き，偶数 n に対しては 0 であることから，c_n が $\frac{1}{2}$ と 0 の平均 $\frac{1}{4}$ に行きそうな気がする．これは，きちんと計算すれば次の通り確かめられる．

まず
$$c_n = \frac{1 + \frac{2}{3} + \frac{3}{5} + \cdots + \frac{m}{2m-1}}{2m-1}$$
であるが
$$\frac{k}{2k-1} = \frac{1}{2} + \frac{1}{2} \cdot \frac{1}{2k-1}$$
なので
$$c_{2m-1} = \frac{\frac{m}{2} + \frac{1}{2}(1 + \frac{1}{3} + \frac{1}{5} + \cdots + \frac{1}{2m-1})}{2m-1}$$
$$= \frac{m}{4m-2} + \frac{1}{4m-2}\left(1 + \frac{1}{3} + \frac{1}{5} + \cdots + \frac{1}{2m-1}\right)$$
となる．ここで
$$1 + \frac{1}{3} + \frac{1}{5} + \cdots + \frac{1}{2m-1} < 1 + \frac{1}{2} + \frac{1}{3} + \cdots + \frac{1}{m}$$
であるが，第 6 節でやったように
$$1 + \frac{1}{2} + \frac{1}{3} + \cdots + \frac{1}{m} \leq \log m + 1$$
であるから
$$0 < \frac{1}{4m-2}\left(1 + \frac{1}{3} + \frac{1}{5} + \cdots + \frac{1}{2m-1}\right) \leq \frac{\log m + 1}{4m-2}$$
となる．よって
$$\lim_{m \to \infty} \frac{\log m + 1}{4m-2} = 0$$

を用いて
$$\lim_{m\to\infty} \frac{1}{4m-2}\left(1 + \frac{1}{3} + \frac{1}{5} + \cdots + \frac{1}{2m-1}\right) = 0$$
がわかる．したがって
$$\lim_{m\to\infty} c_{2m-1} = \lim_{m\to\infty} \frac{m}{4m-2} = \frac{1}{4}$$
と求まる．さらに，$b_{2m} = 0$ より
$$c_{2m} = \frac{(b_1 + b_2 + \cdots + b_{2m-1}) + b_{2m}}{2m}$$
$$= \frac{b_1 + b_2 + \cdots + b_{2m-1}}{2m}$$
$$= \frac{2m-1}{2m} \cdot \frac{b_1 + b_2 + \cdots + b_{2m-1}}{2m-1}$$
$$= \frac{2m-1}{2m} \cdot c_{2m-1}$$
なので，
$$\lim_{m\to\infty} c_{2m} = \lim_{m\to\infty} \frac{2m-1}{2m} c_{2m-1}$$
$$= \frac{1}{4}$$
が出る．したがって
$$\lim_{n\to\infty} c_n = \frac{1}{4}$$
が証明された．このようにして，$a_n = 1 - 2 + 3 - 4 + \cdots + (-1)^{n-1}n$ の第2平均極限が $\frac{1}{4}$ となることがわかった．

●問題●

$a_n = 1^2 - 2^2 + 3^2 - 4^2 + \cdots + (-1)^{n-1}n^2$ のとき，
$$b_n = \frac{a_1 + \cdots + a_n}{n}$$
$$c_n = \frac{b_1 + \cdots + b_n}{n}$$
$$d_n = \frac{c_1 + \cdots + c_n}{n}$$

$$e_n = \frac{d_1 + \cdots + d_n}{n}$$

とおく．それぞれの極限を求めよ．また，

$$a_n = 1^3 - 2^3 + 3^3 - 4^3 + \cdots + (-1)^{n-1}n^3$$

のときはどうか？

[答]　● 平方のとき　a_n, b_n, c_n は収束しない（振動する）が，d_n, e_n は 0 に収束する．
● 立方のとき　a_n, b_n, c_n, d_n は収束しない（振動する）が，e_n は $-\frac{1}{8}$ に収束する．

∞ 14 ∞
ゼータの風景

ここまで見てきたオイラーの研究をゼータ関数

$$\zeta(s) = 1^{-s} + 2^{-s} + 3^{-s} + 4^{-s} + 5^{-s} + \cdots$$

の立場からまとめてみると，次のようになる：

① $\zeta(2) = \frac{\pi^2}{6}, \zeta(4) = \frac{\pi^4}{90}, \zeta(6) = \frac{\pi^6}{945}, \ldots$ を発見した（1735年，第3峰）．
② $\zeta(s) = \prod_{p:\text{素数}}(1-p^{-s})^{-1}$ を発見した（1737年，第6峰）．
③ $\zeta(-1) = -\frac{1}{12}, \zeta(-2) = 0, \zeta(-3) = \frac{1}{120}, \ldots$ を発見した（1749年，第4峰）．

オイラーのやり方は，それぞれ，第10節（①），第7節（②），第12節（③）でみたとおりである．

オイラーは，発散しても収束しても，無限和が大好きだったのであるが，そのようなものを考えるときに，彼があみ出し愛していた「和公式」をつねに使っていたように見える．一例をあげよう．1749年の③を計算した論文は，$\zeta(s)$ の関数等式 $\zeta(s) \leftrightarrow \zeta(1-s)$ ［第5峰］を導いた論文としても有名なものであるが，

$$1^m - 2^m + 3^m - 4^m + 5^m - 6^m + \cdots$$

を $m = 0, 1, 2, 3, \ldots$ に対して求めるにあたって

$$1^m - 2^m x + 3^m x^2 - 4^m x^3 - 5^m x^4 - 6^m x^5 + \cdots$$

を計算して $x = 1$ とおくという第12節で紹介した方法がはじめ (§3) に書か

れている．それで済んだのかと思うと，続いて (§6) オイラーの和公式から

$$x^m - (x+1)^m + (x+2)^m - (x+3)^m + \cdots$$
$$= \frac{1}{2}x^m - \frac{(2^2-1)m}{2}Ax^{m-1} + \frac{(2^4-1)m(m-1)(m-2)}{2^3}Bx^{m-3}$$
$$- \frac{(2^6-1)m(m-1)(m-2)(m-3)(m-4)}{2^5}Cx^{m-5} + \cdots$$

を導いて（ただし，オイラーの書いている $A,B,C,\ldots$ は，ここでは $A = \frac{1}{6}, B = \frac{1}{90}, C = \frac{1}{945}$），$x=0$ とすることによって

$$0^m - 1^m + 2^m - 3^m + \cdots$$

を求めることが説明してある（第4峰）．たとえば

$$0^1 - 1^1 + 2^1 - 3^1 + \cdots = -\frac{2^2-1}{2}A = -\frac{1}{4},$$
$$0^3 - 1^3 + 2^3 - 3^3 + \cdots = \frac{(2^4-1)3 \cdot 2 \cdot 1}{2^3}B = \frac{1}{8},$$
$$0^5 - 1^5 + 2^5 - 3^5 + \cdots = -\frac{(2^6-1)5 \cdot 4 \cdot 3 \cdot 2 \cdot 1}{2^5}C = -\frac{1}{4}$$

ともとめている．つまり

$$1^1 - 2^1 + 3^1 - \cdots = \frac{1}{4},$$
$$1^3 - 2^3 + 3^3 - \cdots = -\frac{1}{8},$$
$$1^5 - 2^5 + 3^5 - \cdots = \frac{1}{4}$$

となるので

$$1^m - 2^m + 3^m - \cdots = (1 - 2^{m+1})\zeta(-m)$$

を使うと

$$\zeta(-1) = -\frac{1}{12},$$
$$\zeta(-3) = \frac{1}{120},$$

$$\zeta(-5) = -\frac{1}{252}$$

とわかる.

●オイラーの和公式●

それでは,オイラーの和公式(1736年)とはどんなものか紹介しよう.ただし,ここではゼータの解析接続や繰り込み表示も与えることにして,将来の研究にも役立つ形にしておきたい.オイラーの和公式は,もともと基本的で大切なものなのであるが,残念なことに,このような応用までわかりやすく書かれているものが見当たらない.

まず,簡単な計算からはじめる.微分可能な関数 $f(x)$ の $0 \leq x \leq 1$ におけるグラフの斜線部の面積 $\int_0^1 f(x)dx$ と台形 の面積 $\frac{f(0)+f(1)}{2}$ をくらべよう.オイラーの動機は,この差を詳しく求めるところにあり,第6節で行ったグラフによる比較はもともとオイラーの第1歩であった.差についての

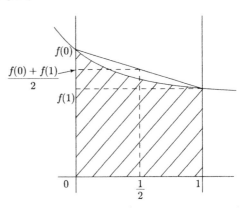

結果は次のとおり($f(x)$ は連続微分可能とする):

定理1 $\quad \displaystyle\int_0^1 f(x)\,dx = \frac{f(0)+f(1)}{2} - \int_0^1 \left(x - \frac{1}{2}\right)f'(x)\,dx.$

【証明】

$$\int_0^1 f(x)\,dx = \int_0^1 \left(x - \frac{1}{2}\right)' f(x)\,dx.$$

として部分積分を行うと

$$\int_0^1 f(x)\,dx = \left[\left(x - \frac{1}{2}\right)f(x)\right]_0^1 - \int_0^1 \left(x - \frac{1}{2}\right)f'(x)\,dx$$

$$= \frac{1}{2}f(1) + \frac{1}{2}f(0) - \int_0^1 \left(x - \frac{1}{2}\right)f'(x)\,dx.$$

［証明終］

　もう 1, 2 回繰り返して行うと，次になる（$f(x)$ は 3 回連続微分可能とする）：

定理 2

$$\int_0^1 f(x)\,dx = \frac{f(0)+f(1)}{2} - \frac{f'(1)-f'(0)}{12}$$
$$+ \frac{1}{2}\int_0^1 \left(x^2 - x + \frac{1}{6}\right)f''(x)\,dx$$
$$= \frac{f(0)+f(1)}{2} - \frac{f'(1)-f'(0)}{12}$$
$$- \frac{1}{6}\int_0^1 \left(x^3 - \frac{3}{2}x^2 + \frac{x}{2}\right)f'''(x)\,dx.$$

【証明】　$g(x) = x^2 - x + \frac{1}{6}$ とおくと

$$g'(x) = 2x - 1 = 2\left(x - \frac{1}{2}\right)$$

だから

$$\int_0^1 \left(x - \frac{1}{2}\right)f'(x)\,dx = \frac{1}{2}\int_0^1 g'(x)f'(x)\,dx$$

に部分積分を用いて

$$\int_0^1 \left(x - \frac{1}{2}\right)f'(x)\,dx = \frac{1}{2}\Big[g(x)f'(x)\Big]_0^1 - \frac{1}{2}\int_0^1 g(x)f''(x)\,dx$$
$$= \frac{f'(1)-f'(0)}{12} - \frac{1}{2}\int_0^1 g(x)f''(x)\,dx.$$

さらに，

$$h(x) = x^3 - \frac{3}{2}x^2 + \frac{x}{2} = x\left(x - \frac{1}{2}\right)(x-1)$$

とおくと
$$h'(x) = 3x^2 - 3x + \frac{1}{2} = 3g(x)$$
なので
$$\int_0^1 g(x)f''(x)\,dx = \frac{1}{3}\int_0^1 h'(x)f''(x)\,dx$$
$$= \frac{1}{3}\Big[h(x)f''(x)\Big]_0^1 - \frac{1}{3}\int_0^1 h(x)f'''(x)\,dx$$
$$= -\frac{1}{3}\int_0^1 h(x)f'''(x)\,dx.$$
よって定理1から定理2が出る.　　　　　　　　　　　　　　　　[証明終]

いま, $1 \leqq N < M$ を整数として, $f(x)$ は $x > 0$ において何回でも微分可能で, $f^{(k)}(x)(k=1,2,\ldots)$ も連続であるとしておく. このとき $n = N,\ldots,M-1$ に対して $f_n(x) = f(x+n)$ とおくと
$$\int_n^{n+1} f(x)\,dx = \int_0^1 f(x+n)\,dx$$
$$= \int_0^1 f_n(x)\,dx$$
だから, 定理2を $f_n(x)$ に用いると
$$\int_n^{n+1} f(x)\,dx = \frac{f_n(0)+f_n(1)}{2} - \frac{f_n'(1)-f_n'(0)}{12}$$
$$- \frac{1}{6}\int_0^1 h(x)f_n'''(x)\,dx$$
$$= \frac{f(n)+f(n+1)}{2} - \frac{f'(n+1)-f'(n)}{12}$$
$$- \frac{1}{6}\int_n^{n+1} h(x-[x])f'''(x)\,dx$$
となる. ただし, $h(x) = x(x-\frac{1}{2})(x-1)$ で, $[x]$ は x の整数部分 (x 以下の最大の整数) を示すガウス記号. この式を $n = N,\ldots,M-1$ について足すと

$$\int_N^M f(x)\,dx = \sum_{n=N}^M f(n) - \frac{f(M)+f(N)}{2} - \frac{f'(M)-f'(N)}{12}$$
$$- \frac{1}{6}\int_N^M h(x-[x])f'''(x)\,dx$$

が得られる．したがって，次の定理3を得る（$f(x)$ は 3 回連続微分可能でよい）：

定理 3

$$\sum_{n=N}^M f(n) = \int_N^M f(x)\,dx + \frac{f(M)+f(N)}{2} + \frac{f'(M)-f'(N)}{2}$$
$$+ \frac{1}{6}\int_N^M (x-[x])\Big(x-[x]-\frac{1}{2}\Big)(x-[x]-1)f'''(x)\,dx.$$

ここで，
$$h(x-[x]) = (x-[x])\Big(x-[x]-\frac{1}{2}\Big)(x-[x]-1)$$
のグラフは図のような周期関数になっていて
$$|h(x-[x])| \leqq \frac{1}{12\sqrt{3}}$$
が成り立っている．

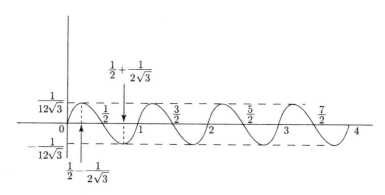

いま，定理3において，$f(x)=x^{-s}$ とおいてみよう．はじめは $s>1$ と

する．そのときは
$$f'(x) = -sx^{-s-1}, \quad f'''(x) = -s(s+1)(s+2)x^{-s-3},$$
$$\int_N^M f(x)\,dx = \frac{M^{1-s} - N^{1-s}}{1-s}$$
だから
$$\sum_{n=N}^M n^{-s} = \frac{M^{1-s} - N^{1-s}}{1-s} + \frac{M^{-s} + N^{-s}}{2} - \frac{s}{12}(M^{-1-s} - N^{-1-s})$$
$$- \frac{s(s+1)(s+2)}{6} \int_N^M h(x-[x]) x^{-s-3}\,dx$$
となる．そこで，$M \to \infty$ とすると
$$\sum_{n=N}^\infty n^{-s} = -\frac{N^{1-s}}{1-s} + \frac{N^{-s}}{2} + \frac{sN^{-1-s}}{12}$$
$$- \frac{s(s+1)(s+2)}{6} + \int_N^\infty h(x-[x]) x^{-s-3}\,dx$$
を得る．ここで，
$$\sum_{n=N}^\infty n^{-s} = \zeta(s) - \sum_{n=1}^N n^{-s} + N^{-s}$$
だから

$$(\star) \quad \zeta(s) = \sum_{n=1}^N n^{-s} - \left(\frac{N^{1-s}}{1-s} + \frac{N^{-s}}{2} - \frac{sN^{-1-s}}{12}\right)$$
$$- \frac{s(s+1)(s+2)}{6} \int_N^\infty (x-[x])\left(x-[x]-\frac{1}{2}\right)(x-[x]-1) x^{-s-3}\,dx$$

となる．これは，s を実部 $\mathrm{Re}(s)$ が 1 より大の複素数にしても成立している．右辺の積分は $\mathrm{Re}(s) > -2$ において絶対収束していることから，$(\star)$ は $\zeta(s)$ の $\mathrm{Re}(s) > -2$ における解析接続を与えていることがわかる（$N = 1, 2, 3, \ldots$ は何でも良い）．さらに，$N \to \infty$ とすると積分は 0 に行くため

$$(\star\star) \qquad \zeta(s) = \lim_{N\to\infty}\left\{\sum_{n=1}^{N} n^{-s} - \left(\frac{N^{1-s}}{1-s} + \frac{N^{-s}}{2} - \frac{sN^{-1-s}}{12}\right)\right\}$$

というゼータの繰り込み表示が得られた．この $(\star)$ と $(\star\star)$ はどちらも $\mathrm{Re}(s) > -2$ で成り立つ表示である．たとえば $(\star\star)$ において $s = 0, -1$ とおいてみると

$$\zeta(0) = \lim_{N\to\infty}\left\{\sum_{n=1}^{N} n^0 - \left(N + \frac{1}{2}\right)\right\}$$

$$= \lim_{N\to\infty}\left\{N - \left(N + \frac{1}{2}\right)\right\}$$

$$= -\frac{1}{2},$$

$$\zeta(-1) = \lim_{N\to\infty}\left\{\sum_{n=1}^{N} n - \left(\frac{N^2}{2} + \frac{N}{2} + \frac{1}{12}\right)\right\}$$

$$= \lim_{N\to\infty}\left\{\left(\frac{N^2}{2} + \frac{N}{2}\right) - \left(\frac{N^2}{2} + \frac{N}{2} + \frac{1}{12}\right)\right\}$$

$$= -\frac{1}{12}$$

となる．これが，オイラー和公式による $\zeta(0) = -\frac{1}{2}$ と $\zeta(-1) = -\frac{1}{12}$ の導き方である．[なお，後に説明するように $(\star\star)$ は $\mathrm{Re}(s) > -3$ に対して成立する．] 一方，定理3において $f(x) = x^{-s}\log x$ としてみると，同様の議論の結果，$\mathrm{Re}(s) > -2$ に対して

$$(\star\star\star) \qquad -\zeta'(s) = \lim_{N\to\infty}\left\{\sum_{n=1}^{N} n^{-s}\log n - \left(\frac{N^{1-s}\log N}{1-s} - \frac{N^{1-s}}{(1-s)^2}\right.\right.$$
$$\left.\left. + \frac{1}{2}N^{-s}\log N + \frac{1}{12}N^{-1-s} - \frac{1}{12}sN^{-1-s}\log N\right)\right\}$$

が得られる．[この式も，$\mathrm{Re}(x) > -3$ に対しても成立する．] とくに $s = 0$ と

おくと ($N \to \infty$ のときに 0 に行く項を省くと)

$$-\zeta'(0) = \lim_{N \to \infty} \Big\{ \sum_{n=1}^{N} \log n - \Big(N \log N - N + \frac{1}{2} \log N \Big) \Big\}$$

$$= \lim_{N \to \infty} \log \Big(\frac{N!}{N^{N+\frac{1}{2}} e^{-N}} \Big)$$

となる．ただし，

$$N! = 1 \cdot 2 \cdot \cdots \cdot N$$

は階乗である．ここで，スターリングの公式（1730 年）

$$\lim_{N \to \infty} \frac{N!}{N^{N+\frac{1}{2}} e^{-N}} = \sqrt{2\pi}$$

を使うと

$$\zeta'(0) = -\frac{1}{2} \log(2\pi)$$

という式が得られる．もちろん，この式自体がスターリングの公式と同値ということになるので，$\zeta'(0)$ を別の方法で直接求める（それにも，いくつかの道がある），スターリングの公式の証明も得られる．ただし，スターリングの公式そのものはもっと簡単に得られる．たとえば，次の方法は私が高校時代に見つけた道である（「Stirling の公式の初等的証明」[9]）．定理 3 を

$$\sum_{k=1}^{N} f(k) = \int_0^N f(x)\,dx + \frac{f(N) - f(0)}{2} + \frac{f'(N) - f'(0)}{12}$$

$$+ \frac{1}{6} \int_0^N h(x - [x]) f'''(x)\,dx$$

の形に書いておいて，$f(x) = F(\frac{x}{N})$ を代入する（$F(x)$ は 3 回連続微分可能とする）と

$$\sum_{k=1}^{N} F\Big(\frac{k}{N}\Big) = \int_0^N F\Big(\frac{x}{N}\Big) dx + \frac{F(1) - F(0)}{2} + \frac{F'(1) - F'(0)}{12N}$$

$$+ \frac{1}{6N^3} \int_0^N h(x - [x]) F'''\Big(\frac{x}{N}\Big) dx$$

となるが，
$$\int_0^N F\Big(\frac{x}{N}\Big)\,dx = N\int_0^1 F(x)\,dx$$
であり，
$$\frac{1}{N^3}\int_0^N h(x-[x])F'''\Big(\frac{x}{N}\Big)\,dx = \frac{1}{N^2}\int_0^1 h(Nx-[Nx])F'''(x)\,dx$$
は $N \to \infty$ のとき 0 に行くので，
$$\lim_{N\to\infty}\Big\{\sum_{k=1}^N F\Big(\frac{k}{N}\Big) - N\int_0^1 F(x)\,dx\Big\} = \frac{F(1)-F(0)}{2}$$
となる．ここで $F(x) = \log(1+x)$ とおくと
$$\sum_{k=1}^N F\Big(\frac{k}{N}\Big) = \log\Big(\frac{(N+1)(N+2)\cdots(2N)}{N^N}\Big)$$
$$= \log\Big(\frac{(2N)!}{N!N^N}\Big),$$
$$\int_0^1 F(x)dx = \Big[(1+x)\log(1+x) - x\Big]_0^1 = \log\Big(\frac{4}{e}\Big)$$
であるから
$$\lim_{N\to\infty}\log\Big(\frac{(2N)!}{N!N^N}\Big(\frac{e}{4}\Big)^N\Big) = \frac{\log 2}{2}$$
となる．したがって
$$\lim_{N\to\infty}\frac{(2N)!}{4^N N!}\Big(\frac{e}{N}\Big)^N = \sqrt{2}$$
が得られる．これを，ワリスの公式
$$\lim_{N\to\infty}\frac{1}{\sqrt{N}}\cdot\frac{2\cdot 4\cdot\cdots\cdot(2N)}{1\cdot 3\cdot\cdots\cdot(2N-1)} = \sqrt{\pi},$$
つまり
$$\lim_{N\to\infty}\frac{4^N(N!)^2}{\sqrt{N}(2N)!} = \sqrt{\pi}$$

と合体すると

$$\lim_{N\to\infty}\frac{N!}{N^{N+\frac{1}{2}}e^{-N}}=\lim_{N\to\infty}\frac{(2N)!}{4^N N!}\left(\frac{e}{N}\right)^N\cdot\frac{4^N(N!)^2}{\sqrt{N}(2N)!}$$
$$=\sqrt{2}\cdot\sqrt{\pi}$$
$$=\sqrt{2\pi}$$

となって,スターリングの公式が証明された.念のため,ワリスの公式の導き方も記しておこう.それには $n=0,1,2,\ldots$ に対して積分

$$I_n=\int_0^{\frac{\pi}{2}}\sin^n x\,dx$$

を計算する.

$$I_0=\frac{\pi}{2},$$
$$I_1=\int_0^{\frac{\pi}{2}}\sin x\,dx=\Big[-\cos x\Big]_0^{\frac{\pi}{2}}=1$$

であり,$n\geqq 2$ に対しては漸化式

$$I_n=\frac{n-1}{n}I_{n-2}$$

を用いる.この漸化式は

$$I_n=\int_0^{\frac{\pi}{2}}\sin^{n-1}x\cdot\sin x\,dx$$
$$=\int_0^{\frac{\pi}{2}}\sin^{n-1}x\cdot(-\cos x)'\,dx$$
$$=-\Big[\sin^{n-1}x\cos x\Big]_0^{\frac{\pi}{2}}+\int_0^{\frac{\pi}{2}}(n-1)\sin^{n-2}x\cos^2 x\,dx$$
$$=(n-1)\int_0^{\frac{\pi}{2}}\sin^{n-2}x\left(1-\sin^2 x\right)\,dx$$
$$=(n-1)(I_{n-2}-I_n)$$

から

$$nI_n=(n-1)I_{n-2}$$

と出る．ここで
$$I_{2m} = \frac{2m-1}{2m} I_{2m-2}$$
$$= \frac{2m-1}{2m} \cdot \frac{2m-3}{2m-2} \cdot \cdots \cdot \frac{1}{2} \cdot I_0$$
$$= \frac{(2m-1)(2m-3)\cdots\cdots 1}{2m(2m-2)\cdot\cdots\cdot 2} \cdot \frac{\pi}{2}$$

と
$$I_{2m-1} = \frac{2m-2}{2m-1} I_{2m-3}$$
$$= \frac{(2m-2)(2m-4)\cdot\cdots\cdot 2}{(2m-1)(2m-3)\cdot\cdots\cdot 3},$$
$$I_{2m+1} = \frac{2m}{2m+1} I_{2m-1}$$
$$= \frac{2m(2m-2)\cdot\cdots\cdot 2}{(2m+1)(2m-1)\cdot\cdots\cdot 3}$$

に注目する．$0 < x < \frac{\pi}{2}$ のとき
$$\sin^{2m+1} x < \sin^{2m} x < \sin^{2m-1} x$$

より
$$I_{2m+1} < I_{2m} < I_{2m-1}$$

となり
$$I_{2m} I_{2m+1} < I_{2m}^2 < I_{2m} I_{2m-1}$$

であるが，
$$I_{2m} I_{2m-1} = \frac{1}{2m} \cdot \frac{\pi}{2},$$
$$I_{2m} I_{2m+1} = \frac{1}{2m+1} \cdot \frac{\pi}{2}$$

だから
$$\frac{\pi}{2(2m+1)} < I_{2m}^2 < \frac{\pi}{4m},$$

つまり

$$\frac{\sqrt{\pi}}{2\sqrt{m+\frac{1}{2}}} < I_{2m} < \frac{\sqrt{\pi}}{2\sqrt{m}}.$$

とくに

$$\lim_{m\to\infty} \sqrt{m} I_{2m} = \frac{\sqrt{\pi}}{2}.$$

これを I_{2m} の式で書き直してみるとワリスの公式

$$\lim_{m\to\infty} \frac{1}{\sqrt{m}} \cdot \frac{2\cdot 4\cdot\cdots\cdot(2m)}{1\cdot 3\cdot\cdots\cdot(2m-1)} = \sqrt{\pi}$$

を得る．

●一般のオイラー和公式●

さて，定理1, 2, 3が高次の微分まで入れると一般にはどうなるかを考えておこう．そのためには，ベルヌーイ数とベルヌーイ多項式の導入が必要である．これらは日本の関孝和もヤーコプ・ベルヌーイとほぼ同時期に研究していたものである．(出版されたのは，双方とも遺稿で1712年（関）と1713年（ベルヌーイ）．) ベルヌーイ数 B_k ($k=0,1,2,3,\ldots$) とはべき級数の係数

$$\frac{t}{e^t-1} = \sum_{k=0}^{\infty} \frac{B_k}{k!} t^k$$

によって定義されるもので，$B_0=1, B_1=-\frac{1}{2}, B_2=\frac{1}{6}, B_3=0, B_4=-\frac{1}{30}, B_5=0, B_6=\frac{1}{42}, B_7=0,\ldots$ である．

これは，たとえば

$$\begin{aligned}
\frac{t}{e^t-1} &= \frac{t}{(1+t+\frac{t^2}{2}+\frac{t^3}{6})-1} \\
&= \frac{t}{t+\frac{t^2}{2}+\frac{t^3}{6}+\cdots} \\
&= \frac{1}{1+(\frac{t}{2}+\frac{t^2}{6}+\cdots)} \\
&= 1 - \left(\frac{t}{2}+\frac{t^2}{6}+\cdots\right) + \left(\frac{t}{2}+\frac{t^2}{6}+\cdots\right)^2 - \cdots
\end{aligned}$$

$$=1-\frac{t}{2}-\frac{t^2}{6}+\left(\frac{t}{2}\right)^2+\cdots$$

$$=1-\frac{t}{2}+\frac{t^2}{12}+\cdots$$

となることから

$$B_0=1,\quad B_1=-\frac{1}{2},\quad B_2=\frac{1}{6}$$

のように求まる.

また,ベルヌーイ多項式 $B_k(x)$ は

$$B_k(x)=\sum_{l=0}^{k}\binom{k}{l}B_l x^{k-l}$$

$$=x^k-\frac{k}{2}x^{k-1}+\cdots+B_k$$

と定義される.とくに,$B_k(0)=B_k$. なお,

$$\binom{k}{l}=\frac{k!}{l!(k-l)!}$$

は 2 項係数である.ベルヌーイ多項式の例は

$$B_0(x)=1,$$

$$B_1(x)=x-\frac{1}{2},$$

$$B_2(x)=x^2-x+\frac{1}{6},$$

$$B_3(x)=x^3-\frac{3}{2}x^2+\frac{x}{2},$$

$$B_4(x)=x^4-2x^3+x^2-\frac{1}{30}$$

というようになる.ベルヌーイ多項式は

$$\frac{te^{xt}}{e^t-1}=\sum_{k=0}^{\infty}\frac{B_k(x)}{k!}t^k$$

というべき級数の展開係数とも書ける.実際,

$$\frac{te^{xt}}{e^t-1}=\frac{t}{e^t-1}\cdot e^{xt}$$

$$=\Bigl(\sum_{k=0}^{\infty}\frac{B_k}{k!}t^k\Bigr)\Bigl(\sum_{l=0}^{\infty}\frac{(xt)^l}{l!}\Bigr)$$

$$=\sum_{k,l=0}^{\infty}\frac{B_k x^l}{k!l!}t^{k+l}$$

$$=\sum_{k,l=0}^{\infty}\frac{(k+l)!}{k!l!}\cdot B_k x^l \cdot \frac{t^{k+l}}{(k+l)!}$$

$$=\sum_{K=0}^{\infty}\Bigl(\sum_{k=0}^{K}\frac{K!}{k!(K-k)!}B_k x^{K-k}\Bigr)\frac{t^k}{K!}$$

$$=\sum_{k=0}^{\infty}\Bigl(\sum_{k=0}^{K}\binom{K}{k}B_k x^{K-k}\Bigr)\frac{t^K}{k!}$$

となる．

ところで，

$$\frac{te^{xt}}{e^t-1}=\sum_{k=0}^{\infty}\frac{B_k(x)}{k!}t^k$$

の両辺を x について微分し t で割ると

$$\frac{te^{xt}}{e^t-1}=\sum_{k=1}^{\infty}\frac{B_k'(x)}{k!}t^{k-1}$$

となるが，左辺は $B_k(x)$ を係数にして得られるベキ係数 $\sum_{k=0}^{\infty}\frac{B_k(x)}{k!}t^k$ であったから

$$\frac{B_k'(x)}{k}=B_{k-1}(x)\quad (k\geqq 1)$$

つまり

$$B_k'(x)=kB_{k-1}(x)$$

が出る．さらに，x について 0 から 1 まで積分

$$\frac{t}{e^t-1}\int_0^1 e^{tx}\,dx=\sum_{k=0}^{\infty}\frac{1}{k!}\Bigl(\int_0^1 B_k(x)\,dx\Bigr)t^k$$

を行うと，左辺は

$$\frac{t}{e^t-1}\left[\frac{e^{tx}}{t}\right]_0^1 = \frac{e^x-1}{e^x-1} = 1$$

であるから

$$\int_0^1 B_k(x)\,dx = \begin{cases} 1 \cdots k = 0 \\ 0 \cdots k \geqq 1 \end{cases}$$

となる．なお，

$$\int_0^1 B_k(x)\,dx = \int_0^1 \frac{B'_{k+1}(x)}{k+1}\,dx$$
$$= \frac{1}{k+1}\Big[B_{k+1}(x)\Big]_0^1$$
$$= \frac{B_{k+1}(1) - B_{k+1}(0)}{k+1}$$

なので，$k \geqq 2$ のときは，

$$B_k(1) = B_k(0) = B_k$$

である；$k = 0, 1$ のときは

$$B_0(1) = B_0(0) = B_0 = 1,$$
$$B_1(1) = \frac{1}{2}, \quad B_1(0) = -\frac{1}{2} = B_1.$$

定理 1, 定理 2 に当たるものは次の形に一般化される．

> **定理 4** $f(x)$ が $0 \leqq x \leqq 1$ において K 回 $(K \geqq 1)$ 連続微分可能なら
> $$\int_0^1 f(x)\,dx = \frac{f(0)+f(1)}{2} + \sum_{k=1}^{K-1} \frac{(-1)^k B_{k+1}}{(k+1)!}(f^{(k)}(1) - f^{(k)}(0))$$
> $$+ \frac{(-1)^K}{K!}\int_0^1 B_K(x) f^{(K)}(x)\,dx.$$

これは定理 1 ($K = 1$), 定理 2 ($K = 2, 3$) を含んでいる．証明は K についての帰納法を用いればよい．$K = 1$ の場合は済んでいるので，$K \geqq 1$ として K の場合から $K+1$ の場合を導けることを示そう．そのためには，部

分積分によって

$$\frac{(-1)^K}{K!}\int_0^1 B_K(x)f^{(K)}(x)\,dx = \frac{(-1)^K}{K!}\int_0^1 \frac{B'_{K+1}(x)}{K+1}f^{(K)}(x)\,dx$$

$$= \frac{(-1)^K}{K!}\left[\frac{B_{K+1}(x)}{K+1}f^{(K)}(x)\right]_0^1 - \frac{(-1)^K}{K!}\int_0^1 \frac{B_{K+1}(x)}{K+1}f^{(K+1)}(x)\,dx$$

$$= \frac{(-1)^K B_{K+1}}{(K+1)!}(f^{(K)}(1) - f^{(K)}(0))$$

$$+ \frac{(-1)^{K+1}}{(K+1)!}\int_0^1 B_{K+1}(x)f^{(K+1)}(x)\,dx$$

と変形すればよい.これで $K+1$ の場合の式がでる.この定理4を用いると定理3の一般化を得る:

定理5 $f(x)$ が $x > 0$ において K 回 $(K \geqq 1)$ 連続微分可能なら整数 $0 < N < M$ に対して

$$\sum_{n=N}^{M} f(n) = \int_N^M f(x)\,dx + \frac{f(M) + f(N)}{2}$$

$$+ \sum_{k=1}^{K-1} \frac{(-1)^{k+1}B_{k+1}}{(k+1)!}(f^{(K)}(M) - f^{(k)}(N))$$

$$+ \frac{(-1)^{K+1}}{K!}\int_N^M B_K(x - [x])f^{(K)}(x)\,dx.$$

この定理を $f(x) = x^{-s}$ や $f(x) = x^{-s}\log x$ に $K = 4$ で用いて $(\star\star)$, $(\star\star\star)$ の対応物を考えると,$(\star\star)$, $(\star\star\star)$ はそのままの形でも $\mathrm{Re}(s) > -3$ において成立していることがわかる.とくに,$(\star\star)$ において $s = -2$ とおくと

$$\zeta(-2) = \lim_{N\to\infty}\left\{\sum_{n=1}^{N} n^2 - \left(\frac{N^3}{3} + \frac{N^2}{2} + \frac{N}{6}\right)\right\}$$

となるが,和公式

$$\sum_{n=1}^{N} n^2 = \frac{N^3}{3} + \frac{N^2}{2} + \frac{N}{6}$$

を用いると $\zeta(-2) = 0$ を得る．したがって，$\zeta(s)$ は零点 $s = -2$ を持つ．同じようにして，より一般に $s = -2, -4, -6, \ldots$ は零点になることがわかる．これが，オイラーが見つけた $\zeta(s)$ の零点である．

また，オイラー和公式を用いて，$m = 0, 1, 2, \ldots$ に対して
$$\zeta(-m) = (-1)^m \frac{B_{m+1}}{m+1}$$
となることもわかる．オイラーは $\zeta(m+1)$ $(m = 1, 3, 5, \ldots)$ も B_{m+1} で表示し，$\zeta(s)$ の関数等式
$$\zeta(1-s) = \zeta(s) 2 (2\pi)^{-s} \Gamma(s) \cos\left(\frac{\pi s}{2}\right)$$
を導き出している．ここで，$\Gamma(s)$ はすぐあとで述べるガンマ関数である．

●ゼータの積分表示●

オイラーは $\zeta(s)$ の積分表示（第 8 峰）も得ていた．それは

$$(\star\star\star\star) \qquad \zeta(s) = \frac{1}{\Gamma(s)} \int_0^\infty \frac{t^{s-1}}{e^t - 1} \, dt$$

であり（この形では $\mathrm{Re}(s) > 1$），
$$\Gamma(s) = \int_0^\infty t^{s-1} e^{-t} \, dt \quad (\mathrm{Re}(s) > 0)$$
はガンマ関数（オイラーが 1729 年に発見）である．

その証明は
$$\begin{aligned}
\int_0^\infty t^{s-1} e^{-nt} \, dt &= \int_0^\infty t^s e^{-nt} \frac{dt}{t} \\
&= n^{-s} \int_0^\infty (nt)^s e^{-nt} \frac{dt}{t} \\
&= n^{-s} \int_0^\infty t^s e^{-t} \frac{dt}{t} \\
&= n^{-s} \Gamma(s)
\end{aligned}$$

を $n = 1, 2, 3, \ldots$ で足して

$$\int_0^\infty t^{s-1}\Big(\sum_{n=1}^\infty e^{-nt}\Big)dt = \Big(\sum_{n=1}^\infty n^{-s}\Big)\Gamma(s)$$

つまり

$$\int_0^\infty \frac{t^{s-1}}{e^t-1}dt = \zeta(s)\Gamma(s)$$

とすればよい．なお，$\Gamma(s)$ は $\Gamma(s) = \frac{\Gamma(s+1)}{s}$ を用いることによりすべての複素数 s に解析接続される．

オイラーの積分表示 (★★★★) から $\zeta(s)$ の解析接続を（再び）得ることもできる（1859 年にリーマンが示した方法）．たとえば，$\mathrm{Re}(s) > -K$ ($K = 1, 2, 3, \ldots$) における解析接続を示すには次のようにする：

$$\begin{aligned}\zeta(s) &= \frac{1}{\Gamma(s)}\int_1^\infty \frac{t^{s-1}}{e^t-1}dt + \frac{1}{\Gamma(s)}\int_0^1 t^{s-2}\frac{t}{e^t-1}dt \\ &= \frac{1}{\Gamma(s)}\int_1^\infty \frac{t^{s-1}}{e^t-1}dt + \frac{1}{\Gamma(s)}\int_0^1 t^{s-2}\Big(\sum_{k=0}^K \frac{B_k}{k!}t^k\Big)dt \\ &\quad + \frac{1}{\Gamma(s)}\int_0^1 t^{s-2}\Big(\frac{t}{e^t-1} - \sum_{k=0}^K \frac{B_k}{k!}t^k\Big)dt.\end{aligned}$$

ここで，

$$I_1(s) = \int_1^\infty \frac{t^{s-1}}{e^t-1}dt$$

はすべての複素数 s に対して正則な関数になっている．また，

$$\begin{aligned}I_2(s) &= \int_0^1 t^{s-2}\Big(\sum_{k=0}^K \frac{B_k}{k!}t^k\Big)dt \\ &= \sum_{k=0}^K \frac{B_k}{k!(s+k-1)}\end{aligned}$$

はすべての複素数 s に対して有理型な関数になっている．

さらに，

$$I_3(s) = \int_0^1 t^{s-2}\Big(\frac{t}{e^t-1} - \sum_{k=0}^K \frac{B_k}{k!}t^k\Big)dt$$

は，
$$\frac{t}{e^t-1} - \sum_{k=0}^{K}\frac{B_k}{k!}t^k = \sum_{k=K+1}^{\infty}\frac{B_k}{k!}t^k$$
であることより $\mathrm{Re}(s) > -K$ において正則な関数である．したがって
$$\zeta(s) = \frac{I_1(s) + I_2(s) + I_3(s)}{\Gamma(s)}$$
は $\mathrm{Re}(s) > -K$ で有理型な関数に解析接続される．

たとえば $K=4$ とすると
$$I_2(s) = \frac{B_0}{s-1} + \frac{B_1}{s} + \frac{B_2}{2(s+1)} + \frac{B_4}{24(s+3)}$$
$$= \frac{1}{s-1} - \frac{1}{2s} + \frac{1}{12(s+1)} - \frac{1}{720(s+3)}$$
であり
$$\frac{I_2(s)}{\Gamma(s)} = \frac{1}{(s-1)\Gamma(s)} - \frac{(s+1)(s+2)(s+3)}{2\Gamma(s+1)}$$
$$+ \frac{s(s+2)(s+3)}{12\Gamma(s+4)} - \frac{s(s+1)(s+2)}{720\Gamma(s+4)}$$
となる．よって，$s=-1,-2,-3$ における $\zeta(s)$ の値は，そこで $\frac{1}{\Gamma(s)}$ が 0 になることを使うと
$$\zeta(-1) = \frac{(-1)\cdot 1 \cdot 2}{12\Gamma(3)} = -\frac{1}{12},$$
$$\zeta(-2) = 0,$$
$$\zeta(-3) = -\frac{(-3)(-2)(-1)}{720\Gamma(1)} = \frac{1}{120}$$
となる．ただし，$\Gamma(n+1) = n!$ $(n=1,2,3,\ldots)$ となることに注意する．さらに，このやり方を使うと，$m=0,1,2,\ldots$ に対して
$$\zeta(-m) = (-1)^m \frac{B_{m+1}}{m+1}$$
となることが再度わかる．とくに

$$\sum_{m=0}^{\infty} \frac{(-1)^m \zeta(-m)}{m!} t^m = \frac{1}{e^t-1} - \frac{1}{t}$$

という式も得られる．

●ゼータ正規積●

　ゼータを用いると無限積の新しい解釈が可能になる．それは**ゼータ正規積**である．いま，正の数列 $a_1, a_2, a_3, \ldots$ が与えられているとし，無限積

$$\prod_{n=1}^{\infty} a_n = a_1 \times a_2 \times a_3 \times \cdots$$

を考えたい．たとえば，$a_n = n$ なら

$$\prod_{n=1}^{\infty} n = 1 \times 2 \times 3 \times \cdots$$

であり，発散する．そこで，ゼータ

$$Z(s) = \sum_{n=1}^{\infty} a_n^{-s}$$

を調べる．これが $s=0$ において意味を持てば（その領域まで解析接続できれば），ゼータ正規積

$$\prod_{n=1}^{\infty} a_n = \exp(-Z'(0))$$

を考えることができる．

　ここで，ゼータ正規積は有限積のときには

$$Z(s) = \sum_{n=1}^{N} a_n^{-s}$$

に対して

$$Z'(s) = -\sum_{n=1}^{N} a_n^{-s} \log a_n$$

より

$$\prod_{n=1}^{N} a_n = \exp(-Z'(0))$$

$$= \exp\Bigl(\sum_{n=1}^{N} \log a_n\Bigr)$$

$$= \prod_{n=1}^{N} a_n$$

と，通常の積に一致していることに注意しておこう．

ゼータ正規積 $\prod_{n=1}^{\infty} a_n$ は，もとの無限積 $\prod_{n=1}^{\infty} a_n$ が発散する場合にとくに興味深いものとなる．たとえば，

$$\prod_{n=1}^{\infty} n = \exp(-\zeta'(0)) = \sqrt{2\pi}$$

となる．これは $\infty!$ と書いても良いかもしれない．

その計算は

$$Z(s) = \sum_{n=1}^{\infty} n^{-s} = \zeta(s)$$

であり

$$Z'(0) = \zeta'(0) = -\frac{1}{2}\log(2\pi)$$

から得られる．この例は $\exp(-\zeta'(0))$ の繰り込み表示

$$\lim_{N\to\infty} \exp\Bigl(\sum_{n=1}^{N} \log n - \Bigl(N\log N - N + \frac{1}{2}\log N\Bigr)\Bigr)$$

$$= \lim_{N\to\infty} \frac{N!}{N^{N+\frac{1}{2}} e^{-N}}$$

$$= \sqrt{2\pi}$$

を見ると，スターリングの公式の係数（定数項）$\sqrt{2\pi}$ が出ていることがわかりやすい．

さて，オイラーは

$$\prod_{n=1}^{\infty} n = \sqrt{2\pi}$$

あるいは

$$"\sum_{n=1}^{\infty} \log n" = \frac{1}{2}\log(2\pi)$$

も "求めて" いたと言えるであろう．それは，第 9 峰のとおり

$$\log 2 - \log 3 + \log 4 - \log 5 + \cdots = \frac{1}{2}\log\frac{\pi}{2}$$

という式を出しているからである．これは

$$Z(s) = \sum_{n=1}^{\infty}(-1)^{n-1}n^{-s}$$
$$= 1^{-s} - 2^{-s} + 3^{-s} - 4^{-s} + 5^{-s} - 6^{-s} + \cdots$$

とおくと

$$Z'(0) = "\log 2 - \log 3 + \log 4 - \log 5 + \log 6 - \cdots"$$

を求めた式と見ることができる．一方で，

$$Z(s) = (1^{-s} + 2^{-s} + 3^{-s} + \cdots) - 2(2^{-s} + 4^{-s} + 6^{-s} + \cdots)$$
$$= (1^{-s} + 2^{-s} + 3^{-s} + \cdots) - 2^{1-s}(1^{-s} + 2^{-s} + 3^{-s} + \cdots)$$
$$= (1 - 2^{1-s})\zeta(s)$$

と書き直してみると

$$Z'(0) = (2\log 2)\zeta(0) - \zeta'(0)$$

であるから

$$\zeta'(0) = (2\log 2)\zeta(0) - Z'(0)$$
$$= (2\log 2)\left(-\frac{1}{2}\right) - Z'(0)$$
$$= -\log 2 - Z'(0)$$

を得る．したがって，

$$\zeta'(0) = -\frac{1}{2}\log(2\pi) \iff Z'(0) = \frac{1}{2}\log\frac{\pi}{2}$$

という関係になっている．よって，オイラーは

$$\zeta'(0) = -\frac{1}{2}\log(2\pi)$$

つまり
$$\prod_{n=1}^{\infty} n = \sqrt{2\pi}$$
や
$$\text{``}\sum_{n=1}^{\infty} \log n\text{''} = \frac{1}{2}\log(2\pi)$$
も求めていたと考えることができる．

● スターリングの公式と $S_2(\frac{1}{2})$ ●

第 11 節で二重三角関数
$$S_2(x) = e^x \prod_{n=1}^{\infty}\Bigl\{\Bigl(\frac{1-\frac{x}{n}}{1+\frac{x}{n}}\Bigr)^n e^{2x}\Bigr\}$$
の特殊値
$$S_2\Bigl(\frac{1}{2}\Bigr) = \sqrt{2}$$
がオイラーの定積分
$$\int_0^{\frac{\pi}{2}} \log(\sin x)\,dx = -\frac{\pi}{2}\log 2$$
から得られることを示した．ここでは，スターリングの公式が出てきたついでに $S_2(\frac{1}{2})$ はスターリングの公式からも求められることを証明しておこう．

それには，定義に直接代入して
$$S_2\Bigl(\frac{1}{2}\Bigr) = e^{\frac{1}{2}} \prod_{n=1}^{\infty}\Bigl\{\Bigl(\frac{1-\frac{1}{2n}}{1+\frac{1}{2n}}\Bigr)^n e\Bigr\}$$
$$= e^{\frac{1}{2}} \prod_{n=1}^{\infty}\Bigl\{\Bigl(\frac{2n-1}{2n+1}\Bigr)^n e\Bigr\}$$
$$= \lim_{N\to\infty} e^{\frac{1}{2}} \prod_{n=1}^{N}\Bigl\{\Bigl(\frac{2n-1}{2n+1}\Bigr)^n e\Bigr\}$$
となることから
$$e^{\frac{1}{2}} \prod_{n=1}^{N}\Bigl\{\Bigl(\frac{2n-1}{2n+1}\Bigr)^n e\Bigr\} = e^{N+\frac{1}{2}} \frac{1^1 \cdot 3^2 \cdots (2N-1)^N}{3^1 \cdot 5^2 \cdots (2N+1)^N}$$

$$= e^{N+\frac{1}{2}} \frac{1\cdot 3\cdot\cdots\cdot(2N-1)}{(2N+1)^N}$$

$$= e^{N+\frac{1}{2}} \frac{(2N)!}{2^N N!(2N)^N(1+\frac{1}{2N})^N}$$

の極限を求めればよい．これは，スターリングの公式を使えるように変形すると

$$2^{\frac{1}{2}} \cdot \left\{ \frac{(2N)!}{(2N)^{2N+\frac{1}{2}}e^{-2N}} \right\} \cdot \left\{ \frac{N!}{N^{N+\frac{1}{2}}e^{-N}} \right\}^{-1} \cdot e^{\frac{1}{2}} \left(1+\frac{1}{2N}\right)^{-N}$$

となるので，$N \to \infty$ の極限をとって

$$S_2\left(\frac{1}{2}\right) = 2^{\frac{1}{2}} \cdot \sqrt{2\pi} \cdot (\sqrt{2\pi})^{-1} \cdot 1 = 2^{\frac{1}{2}}$$

と求まる．

●チャレンジ問題●

スターリングの公式のさまざまな高次版を研究せよ．たとえば

$$1^1 \cdot 2^2 \cdot 3^3 \cdot \cdots \cdot N^N$$

の $N \to \infty$ における漸近展開をオイラーの和公式を用いて求めよ．

●チャレンジ問題●

$$\sum_{m=0}^{\infty} \frac{(-1)^m \zeta(-m)}{m!} t^m = \frac{1}{e^t-1} - \frac{1}{t}$$

はきちんと証明できる正しい式であるが，次の"発見的証明"を考察せよ．

$$\sum_{m=0}^{\infty} \frac{(-1)^m \zeta(-m)}{m!} t^m = \sum_{m=0}^{\infty} \frac{(-1)^m}{m!} \left(\sum_{n=1}^{\infty} n^m\right) t^m$$

$$= \sum_{n=1}^{\infty} \sum_{m=0}^{\infty} \frac{(-nt)^m}{m!}$$

$$= \sum_{n=1}^{\infty} e^{-nt}$$

$$\begin{aligned}&= \frac{e^{-t}}{1-e^{-t}}\\&= \frac{1}{e^t-1}.\end{aligned}$$

∞ 15 ∞
ゼータと波

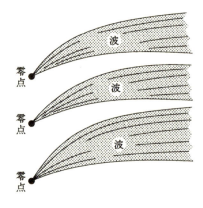

　ゼータの零点や極は何らかの作用素（行列）の固有値であろう，とはリーマン予想（1859 年提出）の研究から導き出されたヒルベルトとポーヤの予想（1915 年頃）である．現在に至るまで，この考えはゼータの最も深い性質をつむぎ出してきている．これは零点や極ごとに波（固有空間）が付いているという期待に他ならない．オイラーはゼータ $\zeta(s)$ の極 $s=1$ と実の零点 $s=-2,-4,-6,-8,\ldots$ は認識していたが，波を付けてはいないように見える．また，虚の零点

$$s = \frac{1}{2} \pm i \cdot 14.134725141734\cdots$$

等の認識はリーマンを待たねばならなかった．
　リーマンは，オイラーの発見した非対称な関数等式

$$\zeta(1-s) = \zeta(s) 2(2\pi)^{-s} \Gamma(s) \cos\left(\frac{\pi s}{2}\right)$$

が対称な関数等式

$$\pi^{-\frac{1-s}{2}} \Gamma\left(\frac{1-s}{2}\right) \zeta(1-s) = \pi^{-\frac{s}{2}} \Gamma\left(\frac{s}{2}\right) \zeta(s)$$

に書き直せることに気づき，その完全な証明を与えた．たとえば，$s=2$ のときにオイラーの関数等式は

$$\zeta(-1) = \zeta(2)2(2\pi)^{-2}\Gamma(2)\cos(\pi)$$

つまり

$$-\frac{1}{12} = \frac{\pi^2}{6} \cdot 2 \cdot (2\pi)^{-2} \cdot 1 \cdot (-1)$$

を意味しているが，リーマンの関数等式は

$$\pi^{\frac{1}{2}}\Gamma\left(-\frac{1}{2}\right)\zeta(-1) = \pi^{-1}\Gamma(1)\zeta(2)$$

つまり

$$\pi^{\frac{1}{2}} \cdot (-2\pi^{\frac{1}{2}}) \cdot \left(-\frac{1}{12}\right) = \pi^{-1} \cdot 1 \cdot \frac{\pi^2}{6}$$

を意味している．さらに，リーマンの関数等式はオイラーの零点 $s=-2,-4,-6,\ldots$ が $\Gamma(\frac{s}{2})^{-1}$ の零点 $s=0,-2,-4,-6,\ldots$ から来ていることを示している（$s=0$ は $\zeta(s)$ の極 $s=1$ と打ち消し合って零点にならない）．この意味で，$\Gamma(\frac{s}{2})^{-1}$ の行列式表示はオイラーの零点 $s=-2,-4,-6,\ldots$ の固有値解釈を与えていると見ることができる．

驚くべきことには，その際に必要な作用素はオイラー自身がすでに考察していたものだった．それは，オイラー作用素と呼ばれる

$$\mathcal{E} = t\frac{d}{dt} : \mathbb{C}[t] \longrightarrow \mathbb{C}[t]$$

である．この固有値は $n=0,1,2,3,\ldots$ であり固有関数は t^n である．正規化された行列式は次のようになる：

定理

$$\det(\mathcal{E}+s) = \prod_{n=0}^{\infty}(n+s)$$
$$= \frac{\sqrt{2\pi}}{\Gamma(s)}.$$

【証明】
$$Z(w,s) = \sum_{n=0}^{\infty}(n+s)^{-w}$$
とおいたときに
$$\prod_{n=0}^{\infty}(n+s) = \exp\left(-\frac{\partial}{\partial w}Z(0,s)\right)$$
が正規積の定義であるから
$$\frac{\partial}{\partial w}Z(0,s) = \log\frac{\Gamma(s)}{\sqrt{2\pi}}$$
を証明すればよい．したがって
$$f(s) = \frac{\partial}{\partial w}Z(0,s) - \log\Gamma(s)$$
とおいて，$f(s)$ が s についての定数関数であることを示せば
$$f(1) = \zeta'(0) - \log\Gamma(1) = \zeta'(0) = -\frac{1}{2}\log(2\pi)$$
であった（第 14 節）ので
$$f(s) = -\frac{1}{2}\log(2\pi)$$
となり証明が終る．

$f(s)$ が定数であることを示すには次を見る：

① $f''(s) = 0$ より $f(s) = as + b$ (a, b は定数)，
② $f(s+1) = f(s)$ より $f(s) = b$.

①は
$$f''(s) = \frac{\partial^2}{\partial s^2}\left(\frac{\partial}{\partial w}Z(0,s) - \log\Gamma(s)\right)$$
$$= \frac{\partial^3}{\partial s^2 \partial w}Z(w,s)\Big|_{w=0} - \frac{d^2}{ds^2}\log\Gamma(s)$$
を計算する．まず
$$\frac{\partial^2}{\partial s^2}Z(w,s) = w(w+1)\sum_{n=0}^{\infty}(n+s)^{-w-2}$$

より
$$\left.\frac{\partial^3}{\partial s^2 \partial w}Z(w,s)\right|_{w=0} = \sum_{n=0}^{\infty}(n+s)^{-2}$$

となる．また，$\Gamma(s)^{-1}$ の無限積表示
$$\Gamma(s)^{-1} = e^{\gamma s} s \prod_{n=1}^{\infty}\left(1+\frac{s}{n}\right)e^{-\frac{s}{n}}$$

から
$$-\log\Gamma(s) = \gamma s + \log s + \sum_{n=1}^{\infty}\left(\log\left(1+\frac{s}{n}\right) - \frac{s}{n}\right)$$

なので
$$-\frac{d^2}{ds^2}\log\Gamma(s) = -\frac{1}{s^2} - \sum_{n=1}^{\infty}\frac{1}{(s+n)^2}$$
$$= -\sum_{n=0}^{\infty}(n+s)^{-2}.$$

したがって
$$f''(s) = \sum_{n=0}^{\infty}(n+s)^{-2} - \sum_{n=0}^{\infty}(n+s)^{-2}$$
$$= 0$$

とわかる．よって，$f(s) = as + b$ (a,b は定数) と書ける．

次に②を見るには
$$Z(w, s+1) = Z(w,s) - s^{-w},$$
$$\Gamma(s+1) = \Gamma(s)s$$

より
$$\frac{\partial}{\partial w}Z(0, s+1) = \frac{\partial}{\partial w}Z(0,s) + \log s,$$
$$\log\Gamma(s+1) = \log\Gamma(s) + \log s$$

であるから，辺々ひいて
$$f(s+1) = f(s)$$

とわかり，よって
$$a(s+1) + b = as + b$$
より $a = 0$. [証明終]

このようにして，オイラーの発見した $\zeta(s)$ の零点 $s = -2, -4, -6, -8, \ldots$ はオイラー作用素 $\mathcal{E}$ を用いた
$$\Gamma\left(\frac{s}{2}\right)^{-1} = \frac{\det\left(\mathcal{E} + \frac{s}{2}\right)}{\sqrt{2\pi}}$$
という正規化された行列式表示によって解釈されることがわかる．

オイラーは多変数版のオイラー作用素
$$\mathcal{E}_r = t_1 \frac{\partial}{\partial t_1} + \cdots + t_r \frac{\partial}{\partial t_r} : \mathbb{C}[t_1, \ldots, t_r] \to \mathbb{C}[t_1, \ldots, t_r]$$
も考えている．このときには正規化された行列式表示
$$\det(\mathcal{E}_r + s) = \prod_{n_1, \ldots, n_r = 0}^{\infty} (n_1 + \cdots + n_r + s)$$
は多重ガンマ関数（バーンズ，1904 年）の逆数になることがわかる．これから
$$\mathbf{S}_r(s) = \det(\mathcal{E}_r + s) \det(\mathcal{E}_r + r - s)^{(-1)^{r-1}}$$
として作られるのが一番基本的な正規化された多重三角関数というものになり，第 11 節の多重三角関数を透明に扱うのにとても役に立つ．

オイラーはいろいろな作用素（無限次元行列）をそれとは気づかない形で密かに埋めているのではないだろうか．

ゼータと波と言えば，73 年（73 = ナミ = 波）周期のゼータ研究の波もあるように見える．

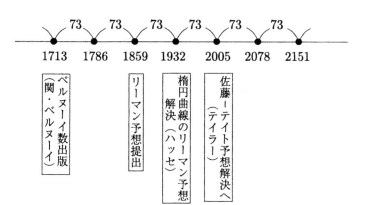

- 1713 ベルヌーイ数出版（関・ベルヌーイ）
- 1859 リーマン予想提出
- 1932 楕円曲線のリーマン予想解決（ハッセ）
- 2005 佐藤－テイト予想解決へ（テイラー）

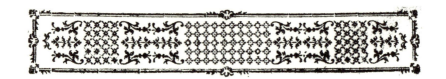

∞ 16 ∞
ゼータの一年

　ゼータ研究の節目となる日付を眺めていたときに，ふと，地球のカレンダーでの365日を五等分して

　　春　　2月11日—4月24日
　　初夏　4月25日—7月6日
　　盛夏　7月7日—9月17日
　　秋　　9月18日—11月29日
　　冬　　11月30日—2月10日

と考えるとわかり良い，と気付いた．何れもちょうど73日（波日）から成っているのは偶然だろうか．

　盛夏のはじまる7月7日は七夕（セタ：清音のゼータ）であり，星の世界に想いをはせる日として昔から親しまれてきた．盛夏の終わりの9月17日はリーマンの誕生日であり，秋のはじまる9月18日はオイラーの命日である．9/18は分数としては $1/2 = 0.5$ であるので，リーマン予想の日（「$\zeta(s)$の虚の零点の実部は $\frac{1}{2} = 0.5$ であろう」というリーマン予想にちなむ記念日で年に12回ある）でもある．

　ゼータの風景は『ゼータ研究所だより』[4]所収の今井志保さんによる「ゼータ風物誌」が手がかりになる．上記のゼータ・カレンダーを参考にするとゼータ研究が快適に進むのではないだろうか．

●リーマン予想の日●

$$
\begin{array}{llll}
1/2 & = & 1月2日 & [初夢] \\
2/4 & = & 2月4日 & \\
3/6 & = & 3月6日 & \\
4/8 & = & 4月8日 & [仏陀の誕生日] \\
5/10 & = & 5月10日 & \\
6/12 & = & 6月12日 & \\
7/14 & = & 7月14日 & \\
8/16 & = & 8月16日 & [お盆] \\
9/18 & = & 9月18日 & オイラーの命日 \\
10/20 & = & 10月20日 & \\
11/22 & = & 11月22日 & \\
12/24 & = & 12月24日 & [クリスマスイブ]
\end{array}
$$

●チャレンジ問題●

「ゼータ惑星の十二ヶ月」を描け.

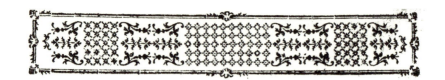

∞ 17 ∞
オイラーの羽箒

　オイラーが触れると数学は輝くように見える．まるで魔法の羽箒で触れたように．とりわけゼータはそうだ．

　オイラーはゼータを限りなく研究していた．たとえば，オイラー定数

$$\gamma = \lim_{n \to \infty} \left(1 + \frac{1}{2} + \cdots + \frac{1}{n} - \log n \right)$$

に対してもゼータからの研究を行っていた．実際，オイラーの

$$\gamma = \sum_{m=2}^{\infty} \frac{(-1)^m \zeta(m)}{m}$$

という簡潔な式がある（『全集』I–15巻，119頁；第8峰）．ゼータの値がずーっとでているのが楽しい．証明は次のとおり：

$$\gamma = \lim_{N \to \infty} \left(1 + \frac{1}{2} + \cdots + \frac{1}{N} - \log(1+N) \right)$$

$$= \lim_{N \to \infty} \sum_{n=1}^{N} \left(\frac{1}{n} - \log\left(1 + \frac{1}{n}\right) \right)$$

$$= \sum_{n=1}^{\infty} \left(\frac{1}{n} - \log\left(1 + \frac{1}{n}\right) \right)$$

$$= \sum_{n=1}^{\infty} \sum_{m=2}^{\infty} \frac{(-1)^m}{m} \cdot \frac{1}{n^m}$$

$$= \sum_{m=2}^{\infty} \frac{(-1)^m}{m} \zeta(m).$$

このついでに,オイラーなら書いてもおかしくない式を一つあげておきたい (γ_{prim} は第 7 節の「素数オイラー定数」):

$$\gamma_{\mathrm{prim}} = \gamma + \sum_{m=2}^{\infty} \frac{\mu(m)}{m} \log \zeta(m).$$

($\mu(m)$ はメビウス関数,第 9 節参照.)

【証明】 $Z(s) = \sum_{p:\text{素数}} p^{-s}$ とおくと

$$\gamma_{\mathrm{prim}} = \gamma + \sum_{p} \left(\log\left(1 - \frac{1}{p}\right) + \frac{1}{p} \right)$$

$$= \gamma - \sum_{p} \sum_{m=2}^{\infty} \frac{p^{-m}}{m}$$

$$= \gamma - \sum_{m=2}^{\infty} \frac{1}{m} Z(m)$$

となる.ここで,

$$\log \zeta(s) = \log \left(\prod_{p} (1-p^{-s})^{-1} \right)$$

$$= \sum_{m=1}^{\infty} \sum_{p} \frac{1}{m} p^{-ms}$$

$$= \sum_{m=1}^{\infty} \frac{1}{m} Z(ms)$$

であるので,メビウス関数 $\mu(n)$ の性質(メビウスの逆変換)を用いると

$$Z(s) = \sum_{n=1}^{\infty} \frac{\mu(n)}{n} \log \zeta(ns)$$

となる.なぜなら,

$$\sum_{n=1}^{\infty} \frac{\mu(n)}{n} \log \zeta(ns) = \sum_{n=1}^{\infty} \sum_{m=1}^{\infty} \frac{\mu(n)}{n} \cdot \frac{1}{m} Z(nms)$$

となるので, nm を N とおきかえると

$$\sum_{n=1}^{\infty} \frac{\mu(n)}{n} \log \zeta(ns) = \sum_{N=1}^{\infty} \frac{1}{N} \left(\sum_{n|N} \mu(n) \right) Z(Ns)$$

となり, メビウス関数の性質

$$\sum_{n|N} \mu(n) = \begin{cases} 1 \cdots N = 1 \\ 0 \cdots N \geqq 2 \end{cases}$$

を用いて

$$\sum_{n=1}^{\infty} \frac{\mu(n)}{n} \log \zeta(ns) = Z(s)$$

が出る.

したがって

$$\gamma_{\mathrm{prim}} = \gamma - \sum_{m=2}^{\infty} \frac{1}{m} \sum_{n=1}^{\infty} \frac{\mu(n)}{n} \log \zeta(nm)$$

となる. ここで, nm を N とおきかえると

$$\gamma_{\mathrm{prim}} = \gamma - \sum_{N=2}^{\infty} \frac{1}{N} \left(\sum_{\substack{n|N \\ n \neq N}} \mu(n) \right) \log \zeta(N)$$

となるので, 再度

$$\sum_{\substack{n|N \\ n \neq N}} \mu(n) = -\mu(N) \quad (N \geqq 2)$$

を用いると

$$\gamma_{\mathrm{prim}} = \gamma + \sum_{N=2}^{\infty} \frac{\mu(N)}{N} \log \zeta(N)$$

を得る. [証明終]

オイラーは魔法の羽箒で本当はどんな数学を見せてくれているのであろうか?

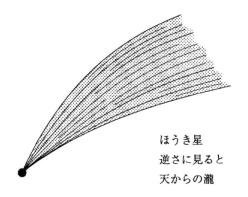

ほうき星
逆さに見ると
天からの瀧

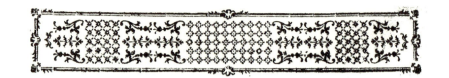

∞ 18 ∞
文献案内

[1] *Opera Omnia*, Birkhäuser.
『オイラー全集』．オイラーに直接触れられる宝庫．なお，『オイラー全集』関係の資料は "The Euler Archive" の http://www.math.dartmouth.edu/~euler/ から無料でアクセス可能になっていて，とても便利である．

[2] 『オイラー入門』（W. ダンハム著，黒川信重・若山正人・百々谷哲也訳，シュプリンガー・フェアラーク東京，2004 年）．
オイラーの数学へのよい案内書であり，おすすめ．

[3] 『オイラー —— その生涯と業績』（E.A. フェルマン著，山本敦之訳，シュプリンガー・フェアラーク東京，2002 年）．
オイラーの人生についてはこの書を見られたい．13 人の子だくさんであったことや家計等のエピソードも豊富．関連して，近刊書『オイラー博士の素敵な数式』（P. ナーイン著，小山信也訳，日本評論社，2007 年）も薦めたい．

[4] 『ゼータ研究所だより』（黒川信重編著，日本評論社，2002 年）．
私も参加している「ゼータ研究所」の活動報告．ゼータ研究の最先端も紹介．

[5] 『ゼータの世界』（梅田亨・黒川信重・若山正人・中島さち子著，日本評論社，1999 年）．
ゼータの世界への道標．『数学のたのしみ』創刊号特集の単行本化．

[6] 『数論 I』（加藤和也・黒川信重・斎藤毅著，岩波書店，2005 年），『数論 II』（黒川信重・栗原将人・斎藤毅著，岩波書店，2005 年）．
数論をきちんと理解し研究したい人に薦めたい．

[7] 『オイラー，リーマン，ラマヌジャン —— 時空を超えた数学者の接点』（黒川信重著，岩波書店，2006 年）．
オイラーからはじまるリーマン，ラマヌジャンへのバトンの受け渡しの妙．

[8] 『絶対カシミール元』（黒川信重・若山正人著，岩波書店，2002 年）．

[9] 「Stirling の公式の初等的証明」（黒川信重著，『数学セミナー』1972 年 6 月号, p.72 の NOTE）．

[10] 「佐藤–テイト予想の解決」（黒川信重著，日本評論社，2007 年；木村達雄編『佐藤幹夫の数学』所収）．オイラーから始まるゼータの到達点．

[11] 『リーマン —— 人と業績』（D. ラウグヴィッツ著，山本敦之訳，シュプリンガー・フェアラーク東京，1998 年）．
リーマンの透徹した思想に触れたい．

[12] 『無限の天才 —— 夭逝の数学者・ラマヌジャン』（R. カニーゲル著，田中靖夫訳，工作舎，1994 年）．
ラマヌジャンの数学的熱気が伝わってくる．

[13] 朝日新聞 2007 年 4 月 9 日（月）朝刊科学面「この人の宿題あと 100 年必要 —— 数学者オイラー生誕 300 年」．オイラーの誕生日 4 月 15 日の直前に出た記事．

[14] 読売新聞 2007 年 5 月 13 日（日）サイエンス・学び面「若者の科学離れ解消へ —— オイラーの出番」．

II
オイラー12峰探検

写真：1911年から刊行が始まり，今なお続刊の編集が続いている
『オイラー全集』(Opera Omnia) 既刊76巻（Euler-Archiv, Basel, Switzerland 所蔵）

オイラー（1707年4月15日–1783年9月18日）は古今の数学者の中で最も多くのことを発見したと，数学分野だけで約30巻，物理学等を含めると全100巻に近くなる膨大な『オイラー全集』を見ていると素直に実感する．とても人間わざとは思えない．さらに，私のようなオイラー信者になると，たとえば，数学最高峰の難問リーマン予想（1859年提出）がなかなか解けないのはオイラーがリーマン予想を知らなかったためではないか，とさえ思えてくる．つまり，オイラーがリーマン予想を知っていたら解き方を見つけだしてくれたに違いないし，オイラーはそうできる唯一無二の人であると考えるのである．

　さて，オイラーの数学の特徴は美しい数式にある．無数にある彼の発見をここに記すことはもとより不可能であるが，原文の雰囲気に触れるために，『オイラー全集』の表記に従って，12の峰を挙げておきたい．現代的な書き方や解釈は 解説 としてつける．「オイラー探検」には，各峰を1カ月ずつ調査することをすすめたい．1月から開始すると，ちょうど12月でオイラー連峰の探検が一旦終了し帰還するというスケジュールになる．

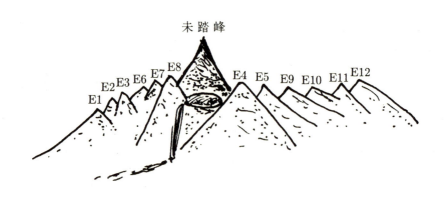

イラスト：星 彼方

第1峰
指数関数・三角関数

[『全集』I–8 巻, 148 頁 (1748 年)]
$$e^{+v\sqrt{-1}} = \cos.v + \sqrt{-1} \cdot \sin.v,$$
$$e^{-v\sqrt{-1}} = \cos.v - \sqrt{-1} \cdot \sin.v.$$

[『全集』I–17 巻, 219 頁 (1749 年)]
無限大数 n に対して
$$\left(1 + \frac{\varphi\sqrt{-1}}{n}\right)^n = 1 + \frac{\varphi\sqrt{-1}}{1} - \frac{\varphi^2}{1\cdot 2} - \frac{\varphi^3\sqrt{-1}}{1\cdot 2\cdot 3} + \frac{\varphi^4}{1\cdot 2\cdot 3\cdot 4} + \frac{\varphi^5\sqrt{-1}}{1\cdot 2\cdot 3\cdot 4\cdot 5} - \text{etc.},$$
$$\cos\varphi = 1 - \frac{\varphi^2}{1\cdot 2} + \frac{\varphi^4}{1\cdot 2\cdot 3\cdot 4} - \frac{\varphi^6}{1\cdot 2\cdot 3\cdot 4\cdot 5\cdot 6} + \text{etc.},$$
$$\sin\varphi = \varphi - \frac{\varphi^3}{1\cdot 2\cdot 3} + \frac{\varphi^5}{1\cdot 2\cdot 3\cdot 4\cdot 5} - \text{etc.},$$
$$\left(1 + \frac{\varphi\sqrt{-1}}{n}\right)^n = \cos\varphi + \sqrt{-1}\sin\varphi.$$

[『全集』I–6 巻, 132–133 頁 (1749 年)]
$$(\sqrt{-1})^{\sqrt{-1}} = e^{-2\lambda\pi - \frac{1}{2}\pi} \quad (\lambda = 0, \pm 1, \pm 2, \ldots).$$

とくに $\lambda = 0$ のとき
$$(\sqrt{-1})^{\sqrt{-1}} = 0.2078795763507\cdots.$$

|解説| これが有名な**オイラーの公式**である．ここで，$v = \pi$ とおくことにより
$$e^{\sqrt{-1}\pi} = -1 \quad \text{つまり} \quad e^{\sqrt{-1}\pi} + 1 = 0$$
が得られる．オイラーが公式
$$e^{ix} = \cos x + i \sin x$$
を考えだしたのは，ゴールドバッハへの手紙からたどると 1741 年 12 月頃だったようだ．オイラーの証明は，ド・モアブルの定理
$$\cos x + i \sin x = \left(\cos \frac{x}{n} + i \sin \frac{x}{n}\right)^n$$
において $n \to \infty$ とするときに（オイラーは単に「n は無限大数」と書いている）x の 2 次以上の項を除いて
$$\text{``}\cos \frac{x}{n} = 1\text{''}, \quad \text{``}\sin \frac{x}{n} = \frac{x}{n}\text{''}$$
としてから
$$\cos x + i \sin x = \text{``}\left(1 + i\frac{x}{n}\right)^n\text{''} = e^{ix}$$
[``n は無限大数''] とするものであった．オイラーの計算では**無限大数**が自由に —— しかも誤りなく —— 使われていて，生き生きとした元気な数学を楽しむことができる．

ここに，公式 $e^{i\pi} = -1$ が意外な状況で応用される例を 1 つ記しておこう．

定理 e^π は超越数である．

証明 背理法で示す．いま，e^π が代数的数だったとする．すると「代数的数 $\alpha \neq 0, 1$ と代数的無理数 β に対して α^β は超越数」というゲルフォント–シュナイダーの定理を $\alpha = e^\pi, \beta = i$ に使うことによって $\alpha^\beta = e^{\pi i}$ は超越数と

なる.ところが,オイラーの公式により $\alpha^\beta = -1$ となり矛盾.したがって,e^π は超越数である. 　　　　　　　　　　　　　　　　　　　　　　　　［証明終］

注意 オイラーが計算した i^i の値に,$\alpha = \beta = i$ の場合の超越性を用いても良い.

第2峰
三角関数無限積表示

[『全集』I–14巻, 142–144頁（1743年）]

$$s - \frac{s^3}{1\cdot 2\cdot 3} + \frac{s^5}{1\cdot 2\cdot 3\cdot 4\cdot 5} - \frac{s^7}{1\cdot 2\cdot 3\cdots 7} + \frac{s^9}{1\cdot 2\cdot 3\cdots 9} - \text{etc.}$$

$$= \frac{e^{s\sqrt{-1}} - e^{-s\sqrt{-1}}}{2\sqrt{-1}}$$

$$= s\left(1 - \frac{ss}{\pi\pi}\right)\left(1 - \frac{ss}{4\pi\pi}\right)\left(1 - \frac{ss}{9\pi\pi}\right)\left(1 - \frac{ss}{16\pi\pi}\right)\text{etc.}$$

解説　第1峰の三角関数の展開と合わせると

$$\sum_{n=0}^{\infty} \frac{(-1)^n x^{2n+1}}{(2n+1)!} = \sin x = x\prod_{m=1}^{\infty}\left(1 - \frac{x^2}{m^2\pi^2}\right)$$

という「無限和＝無限積」型公式を言っている．左側の展開を $\sin x$ の"無限次多項式表示"と見て，**因数分解**したものが右側である．考え方は，N を奇数として

$$\sin x = \frac{(\cos\frac{x}{N} + i\sin\frac{x}{N})^N - (\cos\frac{x}{N} - i\sin\frac{x}{N})^N}{2i}$$

$$= N\sin\frac{x}{N}\prod_{n=1}^{\frac{N-1}{2}}\left(1 - \frac{(\sin\frac{x}{N})^2}{(\sin\frac{n\pi}{N})^2}\right)$$

と因数分解した上で $N \to \infty$ とすると

$$\sin x = x \prod_{n=1}^{\infty} \left(1 - \frac{x^2}{n^2 \pi^2}\right)$$

となるというもの.

第3峰
ゼータ特殊値：正偶数

[『全集』I–14 巻, 80–81 頁（1734/35 年）]

$$1 + \frac{1}{4} + \frac{1}{9} + \frac{1}{16} + \frac{1}{25} + \frac{1}{36} + \text{etc.} = \frac{p^2}{6},$$

$$1 + \frac{1}{2^4} + \frac{1}{3^4} + \frac{1}{4^4} + \frac{1}{5^4} + \frac{1}{6^4} + \text{etc.} = \frac{p^4}{90},$$

$$1 + \frac{1}{2^6} + \frac{1}{3^6} + \frac{1}{4^6} + \frac{1}{5^6} + \frac{1}{6^6} + \text{etc.} = \frac{p^6}{945},$$

$$1 + \frac{1}{2^8} + \frac{1}{3^8} + \frac{1}{4^8} + \frac{1}{5^8} + \frac{1}{6^8} + \text{etc.} = \frac{p^8}{9450}.$$

[p は円周率 $\pi = 3.1415\cdots$]

解説 オイラーより 100 年程後にリーマンが使いはじめたゼータ関数記号

$$\zeta(s) = \sum_{n=1}^{\infty} n^{-s}$$

を用いると

$$\zeta(2) = \frac{\pi^2}{6}, \quad \zeta(4) = \frac{\pi^4}{90}, \quad \zeta(6) = \frac{\pi^6}{945}, \quad \cdots$$

というゼータの値を求めている．第 2 峰の等式において，たとえば 3 次の係数を比較すると

$$-\frac{1}{6} = -\sum_{m=1}^{\infty}\frac{1}{m^2\pi^2}$$

となり，$\zeta(2)$ がわかる．指数関数・三角関数・ゼータ関数というオイラーの自然な流れが第 1 峰～第 3 峰である．

なお，同上の論文の 86 頁には次の式も載っている．

$$p = 4\Bigl(1 - \frac{1}{3} + \frac{1}{5} - \frac{1}{7} + \frac{1}{9} - \frac{1}{11} + \text{etc.}\Bigr),$$

$$p = 2 \cdot \frac{1 + \frac{1}{3^2} + \frac{1}{5^2} + \frac{1}{7^2} + \frac{1}{9^2} + \frac{1}{11^2} + \text{etc.}}{1 - \frac{1}{3} + \frac{1}{5} - \frac{1}{7} + \frac{1}{9} - \frac{1}{11} + \text{etc.}},$$

$$p = 4 \cdot \frac{1 - \frac{1}{3^3} + \frac{1}{5^3} - \frac{1}{7^3} + \frac{1}{9^3} - \frac{1}{11^3} + \text{etc.}}{1 + \frac{1}{3^2} + \frac{1}{5^2} + \frac{1}{7^2} + \frac{1}{9^2} + \frac{1}{11^2} + \text{etc.}},$$

$$p = 3 \cdot \frac{1 + \frac{1}{3^4} + \frac{1}{5^4} + \frac{1}{7^4} + \frac{1}{9^4} + \frac{1}{11^4} + \text{etc.}}{1 - \frac{1}{3^3} + \frac{1}{5^3} - \frac{1}{7^3} + \frac{1}{9^3} - \frac{1}{11^3} + \text{etc.}},$$

$$p = \frac{16}{5} \cdot \frac{1 - \frac{1}{3^5} + \frac{1}{5^5} - \frac{1}{7^5} + \frac{1}{9^5} - \frac{1}{11^5} + \text{etc.}}{1 + \frac{1}{3^4} + \frac{1}{5^4} + \frac{1}{7^4} + \frac{1}{9^4} + \frac{1}{11^4} + \text{etc.}},$$

$$p = \frac{25}{8} \cdot \frac{1 + \frac{1}{3^6} + \frac{1}{5^6} + \frac{1}{7^6} + \frac{1}{9^6} + \frac{1}{11^6} + \text{etc.}}{1 - \frac{1}{3^5} + \frac{1}{5^5} - \frac{1}{7^5} + \frac{1}{9^5} - \frac{1}{11^5} + \text{etc.}},$$

$$p = \frac{192}{61} \cdot \frac{1 - \frac{1}{3^7} + \frac{1}{5^7} - \frac{1}{7^7} + \frac{1}{9^7} - \frac{1}{11^7} + \text{etc.}}{1 + \frac{1}{3^6} + \frac{1}{5^6} + \frac{1}{7^6} + \frac{1}{9^6} + \frac{1}{11^6} + \text{etc.}}.$$

また，参考までに，I–14 巻の 431 頁から 440 頁にかけての部分には一層詳しい計算があるので引用しておこう．

$$s = \frac{zz}{1-zz} + \frac{zz}{4-zz} + \frac{zz}{9-zz} + \frac{zz}{16-zz} + \frac{zz}{25-zz} + \text{etc.}$$

は

$$s = \frac{1}{2} - \frac{\pi z}{2\text{tang.A.}\pi z}$$

であり（分母は現代風には $\tan \pi z$）

$$s = \frac{1}{2} - \frac{1}{2} \cdot \frac{1 - \frac{\pi^2 z^2}{1 \cdot 2} + \frac{\pi^4 z^4}{1 \cdot 2 \cdot 3 \cdot 4} - \frac{\pi^6 z^6}{1 \cdot 2 \cdot 3 \cdot 4 \cdot 5 \cdot 6} + \text{etc.}}{1 - \frac{\pi^2 z^2}{1 \cdot 2 \cdot 3} + \frac{\pi^4 z^4}{1 \cdot 2 \cdot 3 \cdot 4 \cdot 5} - \frac{\pi^6 z^6}{1 \cdot 2 \cdots 7} + \text{etc.}}$$

$$= \frac{\frac{\pi^2 z^2}{1 \cdot 2 \cdot 3} - \frac{2\pi^4 z^4}{1 \cdot 2 \cdot 3 \cdot 4 \cdot 5} + \frac{3\pi^6 z^6}{1 \cdot 2 \cdots 7} - \frac{4\pi^8 z^8}{1 \cdot 2 \cdots 9} + \text{etc.}}{1 - \frac{\pi^2 z^2}{1 \cdot 2 \cdot 3} + \frac{\pi^4 z^4}{1 \cdot 2 \cdot 3 \cdot 4 \cdot 5} - \frac{\pi^6 z^6}{1 \cdot 2 \cdots 7} + \frac{\pi^8 z^8}{1 \cdot 2 \cdots 9} - \text{etc.}}$$

と書けるので

$$s = A\pi^2 z^2 + B\pi^4 z^4 + C\pi^6 z^6 + D\pi^8 z^8 + E\pi^{10} z^{10} + \text{etc.}$$

という展開係数が次のように計算できる：

$$A = \frac{1}{6},$$

$$B = \frac{A}{1 \cdot 2 \cdot 3} - \frac{2}{1 \cdot 2 \cdot 3 \cdot 4 \cdot 5},$$

$$C = \frac{B}{1 \cdot 2 \cdot 3} - \frac{A}{1 \cdot 2 \cdot 3 \cdot 4 \cdot 5} + \frac{3}{1 \cdot 2 \cdots 7},$$

$$D = \frac{C}{1 \cdot 2 \cdot 3} - \frac{B}{1 \cdot 2 \cdot 3 \cdot 4 \cdot 5} + \frac{A}{1 \cdot 2 \cdots 7} - \frac{4}{1 \cdot 2 \cdots 9},$$

$$E = \frac{4AD + 4BC}{11},$$

$$F = \frac{4AE + 4BD + 2C^2}{13},$$

$$G = \frac{4AF + 4BE + 4CD}{15},$$

$$H = \frac{4AG + 4BF + 4CE + 2D^2}{17},$$

etc.

したがって，次が得られる：

$$1 + \frac{1}{2^2} + \frac{1}{3^2} + \frac{1}{4^2} + \frac{1}{5^2} + \text{etc.} = \frac{2}{1 \cdot 2 \cdot 3} \cdot \frac{1}{2}\pi^2,$$

$$1 + \frac{1}{2^4} + \frac{1}{3^4} + \frac{1}{4^4} + \frac{1}{5^4} + \text{etc.} = \frac{2^3}{1 \cdot 2 \cdot 3 \cdot 4 \cdot 5} \cdot \frac{1}{6}\pi^4,$$

$$1 + \frac{1}{2^6} + \frac{1}{3^6} + \frac{1}{4^6} + \frac{1}{5^6} + \text{etc.} = \frac{2^5}{1 \cdot 2 \cdots 7} \cdot \frac{1}{6}\pi^6,$$

$$1 + \frac{1}{2^8} + \frac{1}{3^8} + \frac{1}{4^8} + \frac{1}{5^8} + \text{etc.} = \frac{2^7}{1 \cdot 2 \cdots 9} \cdot \frac{3}{10}\pi^8,$$

$$1 + \frac{1}{2^{10}} + \frac{1}{3^{10}} + \frac{1}{4^{10}} + \frac{1}{5^{10}} + \text{etc.} = \frac{2^9}{1 \cdot 2 \cdots 11} \cdot \frac{5}{6}\pi^{10},$$

$$1 + \frac{1}{2^{12}} + \frac{1}{3^{12}} + \frac{1}{4^{12}} + \frac{1}{5^{12}} + \text{etc.} = \frac{2^{11}}{1 \cdot 2 \cdots 13} \cdot \frac{691}{210}\pi^{12},$$

$$1 + \frac{1}{2^{14}} + \frac{1}{3^{14}} + \frac{1}{4^{14}} + \frac{1}{5^{14}} + \text{etc.} = \frac{2^{13}}{1 \cdot 2 \cdots 15} \cdot \frac{35}{2}\pi^{14},$$

$$1 + \frac{1}{2^{16}} + \frac{1}{3^{16}} + \frac{1}{4^{16}} + \frac{1}{5^{16}} + \text{etc.} = \frac{2^{15}}{1 \cdot 2 \cdots 17} \cdot \frac{3617}{30}\pi^{16},$$

$$1 + \frac{1}{2^{18}} + \frac{1}{3^{18}} + \frac{1}{4^{18}} + \frac{1}{5^{18}} + \text{etc.} = \frac{2^{17}}{1 \cdot 2 \cdots 19} \cdot \frac{43867}{42}\pi^{18},$$

$$1 + \frac{1}{2^{20}} + \frac{1}{3^{20}} + \frac{1}{4^{20}} + \frac{1}{5^{20}} + \text{etc.} = \frac{2^{19}}{1 \cdot 2 \cdots 21} \cdot \frac{1222277}{110}\pi^{20},$$

$$1 + \frac{1}{2^{22}} + \frac{1}{3^{22}} + \frac{1}{4^{22}} + \frac{1}{5^{22}} + \text{etc.} = \frac{2^{21}}{1 \cdot 2 \cdots 23} \cdot \frac{854513}{6}\pi^{22},$$

$$1 + \frac{1}{2^{24}} + \frac{1}{3^{24}} + \frac{1}{4^{24}} + \frac{1}{5^{24}} + \text{etc.} = \frac{2^{23}}{1 \cdot 2 \cdots 25} \cdot \frac{1181820455}{546}\pi^{24}.$$

さらに，奇数乗のときも入れた表がある：

$$1 + \frac{1}{2^2} + \frac{1}{3^2} + \text{etc.} = 1,644934067 = \frac{\pi^2}{6},$$

$$1 + \frac{1}{2^3} + \frac{1}{3^3} + \text{etc.} = 1,202056903 = \frac{\pi^3}{25,79435},$$

$$1 + \frac{1}{2^4} + \frac{1}{3^4} + \text{etc.} = 1,082323234 = \frac{\pi^4}{90},$$

$$1 + \frac{1}{2^5} + \frac{1}{3^5} + \text{etc.} = 1,036927755 = \frac{\pi^5}{295,1215},$$

$$1 + \frac{1}{2^6} + \frac{1}{3^6} + \text{etc.} = 1,017343062 = \frac{\pi^6}{945},$$

$$1 + \frac{1}{2^7} + \frac{1}{3^7} + \text{etc.} = 1,008349277 = \frac{\pi^7}{2995,285},$$

$$1 + \frac{1}{2^8} + \frac{1}{3^8} + \text{etc.} = 1,004077356 = \frac{\pi^8}{9450},$$

$$1 + \frac{1}{2^9} + \frac{1}{3^9} + \text{etc.} = 1,002008393 = \frac{\pi^9}{29749,35},$$

$$1 + \frac{1}{2^{10}} + \frac{1}{3^{10}} + \text{etc.} = 1,000994575 = \frac{\pi^{10}}{93555},$$

$$1 + \frac{1}{2^{11}} + \frac{1}{3^{11}} + \text{etc.} = 1,000494189 = \frac{\pi^{11}}{294058,7},$$

$$1 + \frac{1}{2^{12}} + \frac{1}{3^{12}} + \text{etc.} = 1,000246087 = \frac{\pi^{12}}{924041\frac{544}{691}}.$$

第4峰
ゼータ特殊値：負整数

[『全集』I–15 巻, 72 頁（1749 年）]

$$1 - 2^0 + 3^0 - 4^0 + 5^0 - 6^0 + \text{etc.} = \frac{1}{2},$$

$$1 - 2 + 3 - 4 + 5 - 6 + \text{etc.} = \frac{1}{4},$$

$$1 - 2^2 + 3^2 - 4^2 + 5^2 - 6^2 + \text{etc.} = 0,$$

$$1 - 2^3 + 3^3 - 4^3 + 5^3 - 6^3 + \text{etc.} = -\frac{2}{16},$$

$$1 - 2^4 + 3^4 - 4^4 + 5^4 - 6^4 + \text{etc.} = 0,$$

$$1 - 2^5 + 3^5 - 4^5 + 5^5 - 6^5 + \text{etc.} = +\frac{16}{64},$$

$$1 - 2^6 + 3^6 - 4^6 + 5^6 - 6^6 + \text{etc.} = 0,$$

$$1 - 2^7 + 3^7 - 4^7 + 5^7 - 6^7 + \text{etc.} = -\frac{272}{256},$$

$$1 - 2^8 + 3^8 - 4^8 + 5^8 - 6^8 + \text{etc.} = 0,$$

$$1 - 2^9 + 3^9 - 4^9 + 5^9 - 6^9 + \text{etc.} = +\frac{7936}{1024}.$$

|解説| オイラーは，このような**発散級数**が大好きだった．オイラーは交代

級数
$$\varphi(s) = \sum_{n=1}^{\infty}(-1)^{n-1}n^{-s}$$
の形で書くことも多かったのだが,
$$\varphi(s) = \sum_{n=1}^{\infty} n^{-s} - 2\sum_{n=1}^{\infty}(2n)^{-s} = (1-2^{1-s})\zeta(s)$$
と簡単な関係で $\zeta(s)$ と結びついていて,$\zeta(s)$ の話でもある:
$$\frac{1}{2} = \varphi(0) = -\zeta(0) \Rightarrow \zeta(0) = -\frac{1}{2}$$
$$\frac{1}{4} = \varphi(-1) = -3\zeta(-1) \Rightarrow \zeta(-1) = -\frac{1}{12}$$
$$0 = \varphi(-2) = -7\zeta(-2) \Rightarrow \zeta(-2) = 0$$
$$-\frac{1}{8} = \varphi(-3) = -15\zeta(-3) \Rightarrow \zeta(-3) = \frac{1}{120}.$$
したがって発散級数
$$\text{``}1+1+1+\cdots\text{''} = -\frac{1}{2}$$
$$\text{``}1+2+3+\cdots\text{''} = -\frac{1}{12}$$
$$\text{``}1+4+9+\cdots\text{''} = 0$$
$$\text{``}1+8+27+\cdots\text{''} = \frac{1}{120}$$
がわかる.現代では,このような値は**解析接続後の値**として確定している.さらに,宇宙の基礎力である**カシミールエネルギー**という物理的意味も持っていることが知られている(『絶対カシミール元』[8]).

とくに
$$\text{``}1+2+3+\cdots\text{''} = -\frac{1}{12}$$
「自然数すべての和は $-1/12$」

はインド出身の天才数学者ラマヌジャンも好んだ数式である.

なお，計算方法としては，

$$1 - x + x^2 - x^3 + \text{etc.} = \frac{1}{1+x},$$

$$1 - 2x + 3x^2 - 4x^3 + \text{etc.} = \frac{1}{(1+x)^2},$$

$$1 - 2^2 x + 3^2 x^2 - 4^2 x^3 + \text{etc.} = \frac{1-x}{(1+x)^3},$$

$$1 - 2^3 x + 3^3 x^2 - 4^3 x^3 + \text{etc.} = \frac{1-4x+xx}{(1+x)^4},$$

$$1 - 2^4 x + 3^4 x^2 - 4^4 x^3 + \text{etc.} = \frac{1-11x+11xx-x^3}{(1+x)^5},$$

$$1 - 2^5 x + 3^5 x^2 - 4^5 x^3 + \text{etc.} = \frac{1-26x+66xx-26x^3+x^4}{(1+x)^6},$$

$$1 - 2^6 x + 3^6 x^2 - 4^6 x^3 + \text{etc.} = \frac{1-57x+302xx-302x^3+57x^4-x^5}{(1+x)^7}$$

etc.

というべき級数の和の公式（72頁）において $x=1$ とする方法の他に，

$$x^m - (x+1)^m + (x+2)^m - (x+3)^m + (x+4)^m - (x+5)^m + \text{etc.}$$

$$= \frac{1}{2}x^m - \frac{m}{2}(2^2-1)Ax^{m-1} + \frac{m(m-1)(m-2)}{2\cdot 2\cdot 2}(2^4-1)Bx^{m-3}$$

$$- \frac{m(m-1)(m-2)(m-3)(m-4)}{2\cdot 2\cdot 2\cdot 2\cdot 2}(2^6-1)Cx^{m-5}$$

$$- \frac{m(m-1)(m-2)(m-3)(m-4)(m-5)(m-6)}{2\cdot 2\cdot 2\cdot 2\cdot 2\cdot 2\cdot 2}(2^8-1)Dx^{m-7}$$

etc.

というオイラーの和公式（77頁）において $x=0$ とする方法が示されてい

る．ここで，$A, B, C, \ldots$ は第3峰のものと同じであるが，本来の定義は次の形がわかりやすく（73頁），一覧表もある（74～75頁）：

$$1 + \frac{1}{2^2} + \frac{1}{3^2} + \frac{1}{4^2} + \text{etc.} = A\pi^2, \qquad A = \frac{1}{6},$$

$$1 + \frac{1}{2^4} + \frac{1}{3^4} + \frac{1}{4^4} + \text{etc.} = B\pi^4, \qquad B = \frac{2}{5}A^2,$$

$$1 + \frac{1}{2^6} + \frac{1}{3^6} + \frac{1}{4^6} + \text{etc.} = C\pi^6, \qquad C = \frac{4}{7}AB,$$

$$1 + \frac{1}{2^8} + \frac{1}{3^8} + \frac{1}{4^8} + \text{etc.} = D\pi^8, \qquad D = \frac{4}{9}AC + \frac{2}{9}B^2,$$

$$1 + \frac{1}{2^{10}} + \frac{1}{3^{10}} + \frac{1}{4^{10}} + \text{etc.} = E\pi^{10}, \qquad E = \frac{4}{11}AD + \frac{4}{11}BC,$$

$$\text{etc.} \qquad\qquad\qquad \text{etc.}$$

$$A = \frac{2^0 \cdot 1}{1 \cdot 2 \cdot 3},$$

$$B = \frac{2^2 \cdot 1}{1 \cdot 2 \cdots 5 \cdot 3},$$

$$C = \frac{2^4 \cdot 1}{1 \cdot 2 \cdots 7 \cdot 3},$$

$$D = \frac{2^6 \cdot 3}{1 \cdot 2 \cdots 9 \cdot 5},$$

$$E = \frac{2^8 \cdot 5}{1 \cdot 2 \cdots 11 \cdot 3},$$

$$F = \frac{2^{10} \cdot 691}{1 \cdot 2 \cdots 13 \cdot 105},$$

$$G = \frac{2^{12} \cdot 35}{1 \cdot 2 \cdots 15 \cdot 1},$$

$$H = \frac{2^{14} \cdot 3617}{1 \cdot 2 \cdots 17 \cdot 15},$$

$$I = \frac{2^{16} \cdot 43867}{1 \cdot 2 \cdots 19 \cdot 21},$$

$$K = \frac{2^{18} \cdot 1222277}{1 \cdot 2 \cdots 21 \cdot 55},$$

$$L = \frac{2^{20} \cdot 854513}{1 \cdot 2 \cdots 23 \cdot 3},$$

$$M = \frac{2^{22} \cdot 1181820455}{1 \cdot 2 \cdots 25 \cdot 273},$$

$$N = \frac{2^{24} \cdot 76977927}{1 \cdot 2 \cdots 27 \cdot 1},$$

$$O = \frac{2^{26} \cdot 23749461029}{1 \cdot 2 \cdots 29 \cdot 15},$$

$$P = \frac{2^{28} \cdot 8615841276005}{1 \cdot 2 \cdots 31 \cdot 231},$$

$$Q = \frac{2^{30} \cdot 84802531453387}{1 \cdot 2 \cdots 33 \cdot 85},$$

$$R = \frac{2^{32} \cdot 90219075042845}{1 \cdot 2 \cdots 35 \cdot 3}.$$

第5峰
ゼータ関数等式

[『全集』I–15 巻,79 頁(1749 年)

$$\frac{1 - 2^{n-1} + 3^{n-1} - 4^{n-1} + 5^{n-1} - 6^{n-1} + \text{etc.}}{1 - 2^{-n} + 3^{-n} - 4^{-n} + 5^{-n} - 6^{-n} + \text{etc.}}$$
$$= \frac{-1 \cdot 2 \cdot 3 \cdots (n-1)(2^n - 1)}{(2^{n-1} - 1)\pi^n} \cos. \frac{n\pi}{2}.$$

解説 第3峰と第4峰の関連を見抜いた等式である.先程使った記号では

$$\frac{\varphi(1-n)}{\varphi(n)} = \frac{-\Gamma(n)(2^n - 1)}{(2^{n-1} - 1)\pi^n} \cos\left(\frac{n\pi}{2}\right)$$

となる.ただし,$\Gamma(x)$ はガンマ関数.したがって

$$\zeta(1-s) = \zeta(s) \cdot 2(2\pi)^{-s} \Gamma(s) \cos\left(\frac{\pi s}{2}\right)$$

というゼータ関数の関数等式を意味している.後にリーマンは対称な形

$$\pi^{-\frac{s}{2}} \Gamma\left(\frac{s}{2}\right) \zeta(s) = \pi^{-\frac{1-s}{2}} \Gamma\left(\frac{1-s}{2}\right) \zeta(1-s)$$

に整理した.
　この論文は

$$\odot \quad 1^m - 2^m + 3^m - 4^m + 5^m - 6^m + 7^m - 8^m + \text{etc.}$$

$$\mathbb{D} \quad \frac{1}{1^n} - \frac{1}{2^n} + \frac{1}{3^n} - \frac{1}{4^n} + \frac{1}{5^n} - \frac{1}{6^n} + \frac{1}{7^n} - \frac{1}{8^n} + \text{etc.}$$

という日と月の印象深い表示からはじまっている．関数等式の例としては

$$\frac{1 - \frac{1}{2} + \frac{1}{3} - \frac{1}{4} + \frac{1}{5} - \frac{1}{6} + \text{etc.}}{1 - 1 + 1 - 1 + 1 - 1 + \text{etc.}} = 2l2.$$

や（l は自然対数 log）

$$\frac{1 - \sqrt{2} + \sqrt{3} - \sqrt{4} + \text{etc.}}{1 - \frac{1}{2\sqrt{2}} + \frac{1}{3\sqrt{3}} - \frac{1}{4\sqrt{4}} + \text{etc.}} = +\frac{1(2\sqrt{2} - 1)}{2^1(2 - \sqrt{2})\pi},$$

$$\frac{1 - 2\sqrt{2} + 3\sqrt{3} - 4\sqrt{4} + \text{etc.}}{1 - \frac{1}{2^2\sqrt{2}} + \frac{1}{3^2\sqrt{3}} - \frac{1}{4^2\sqrt{4}} + \text{etc.}} = +\frac{1 \cdot 3(4\sqrt{2} - 1)}{2^2(4 - \sqrt{2})\pi^2},$$

$$\frac{1 - 2^2\sqrt{2} + 3^2\sqrt{3} - 4^2\sqrt{4} + \text{etc.}}{1 - \frac{1}{2^3\sqrt{2}} + \frac{1}{3^3\sqrt{3}} - \frac{1}{4^3\sqrt{4}} + \text{etc.}} = -\frac{1 \cdot 3 \cdot 5(8\sqrt{2} - 1)}{2^3(8 - \sqrt{2})\pi^3},$$

$$\frac{1 - 2^3\sqrt{2} + 3^3\sqrt{3} - 4^3\sqrt{4} + \text{etc.}}{1 - \frac{1}{2^4\sqrt{2}} + \frac{1}{3^4\sqrt{3}} - \frac{1}{4^4\sqrt{4}} + \text{etc.}} = -\frac{1 \cdot 3 \cdot 5 \cdot 7(16\sqrt{2} - 1)}{2^4(16 - \sqrt{2})\pi^4},$$

$$\frac{1 - 2^4\sqrt{2} + 3^4\sqrt{3} - 4^4\sqrt{4} + \text{etc.}}{1 - \frac{1}{2^5\sqrt{2}} + \frac{1}{3^5\sqrt{3}} - \frac{1}{4^5\sqrt{4}} + \text{etc.}} = +\frac{1 \cdot 3 \cdot 5 \cdot 7 \cdot 9(32\sqrt{2} - 1)}{2^5(32 - \sqrt{2})\pi^5},$$

$$\frac{1 - 2^5\sqrt{2} + 3^5\sqrt{3} - 4^5\sqrt{4} + \text{etc.}}{1 - \frac{1}{2^6\sqrt{2}} + \frac{1}{3^6\sqrt{3}} - \frac{1}{4^6\sqrt{4}} + \text{etc.}} = +\frac{1 \cdot 3 \cdot 5 \cdot 7 \cdot 9 \cdot 11(64\sqrt{2} - 1)}{2^6(64 - \sqrt{2})\pi^6},$$

$$\frac{1 - 2^6\sqrt{2} + 3^6\sqrt{3} - 4^6\sqrt{4} + \text{etc.}}{1 - \frac{1}{2^7\sqrt{2}} + \frac{1}{3^7\sqrt{3}} - \frac{1}{4^7\sqrt{4}} + \text{etc.}} = -\frac{1 \cdot 3 \cdot 5 \cdot 7 \cdot 9 \cdot 11 \cdot 13(128\sqrt{2} - 1)}{2^7(128 - \sqrt{2})\pi^7}$$

etc.

も書かれている.

さらに踏み込んで

$$1 - \frac{1}{2^{2\lambda+1}} + \frac{1}{3^{2\lambda+1}} - \frac{1}{4^{2\lambda+1}} + \frac{1}{5^{2\lambda+1}} - \text{etc.}$$
$$= \frac{2(2^{2\lambda}-1)\pi^{2\lambda}}{1 \cdot 2 \cdot 3 \cdots 2\lambda(2^{2\lambda+1}-1)\cos.\lambda\pi} \cdot (1^{2\lambda}l1 - 2^{2\lambda}l2 + 3^{2\lambda}l3 - 4^{2\lambda}l4 + \text{etc.})$$

もある. たとえば:

$$1 - \frac{1}{2^3} + \frac{1}{3^3} - \frac{1}{4^3} + \text{etc.} = -\frac{2 \cdot 3 \cdot \pi^2(1l1 - 2^2l2 + 3^2l3 - 4^2l4 + \text{etc.})}{1 \cdot 2 \cdot 7},$$

$$1 - \frac{1}{2^5} + \frac{1}{3^5} - \frac{1}{4^5} + \text{etc.} = +\frac{2 \cdot 15 \cdot \pi^4(1l1 - 2^4l2 + 3^4l3 - 4^4l4 + \text{etc.})}{1 \cdot 2 \cdot 3 \cdot 4 \cdot 31},$$

$$1 - \frac{1}{2^7} + \frac{1}{3^7} - \frac{1}{4^7} + \text{etc.} = -\frac{2 \cdot 63 \cdot \pi^6(1l1 - 2^6l2 + 3^6l3 - 4^6l4 + \text{etc.})}{1 \cdot 2 \cdot 3 \cdots 6 \cdot 127},$$

$$1 - \frac{1}{2^9} + \frac{1}{3^9} - \frac{1}{4^9} + \text{etc.} = +\frac{2 \cdot 255 \cdot \pi^8(1l1 - 2^8l2 + 3^8l3 - 4^8l4 + \text{etc.})}{1 \cdot 2 \cdot 3 \cdots 8 \cdot 511},$$

$$1 - \frac{1}{2^{11}} + \frac{1}{3^{11}} - \frac{1}{4^{11}} + \text{etc.} = -\frac{2 \cdot 1023 \cdot \pi^{10}(1l1 - 2^{10}l2 + 3^{10}l3 - 4^{10}l4 + \text{etc.})}{1 \cdot 2 \cdot 3 \cdots 10 \cdot 2047}$$

etc.

このようにして, $\zeta(3) \leftrightarrow \zeta'(-2)$, $\zeta(5) \leftrightarrow \zeta'(-4)$, $\zeta(7) \leftrightarrow \zeta'(-6)$, $\zeta(9) \leftrightarrow \zeta'(-8)$, $\zeta(11) \leftrightarrow \zeta'(-10)$, ... という関係式に行き着く.

第6峰
オイラー積

[『全集』I-14 巻, 230 頁 (1737 年)]

$$\frac{2^n \cdot 3^n \cdot 5^n \cdot 7^n \cdot 11^n \cdot \text{etc.}}{(2^n-1)(3^n-1)(5^n-1)(7^n-1)(11^n-1)\text{etc.}}$$
$$= 1 + \frac{1}{2^n} + \frac{1}{3^n} + \frac{1}{4^n} + \frac{1}{5^n} + \frac{1}{6^n} + \frac{1}{7^n} + \text{etc.}$$

解説 素数全体にわたる積が自然数全体にわたる和と一致するという「無限積＝無限和」型等式

$$\prod_{p:\text{素数}}(1-p^{-s})^{-1} = \sum_{n=1}^{\infty} n^{-s} = \zeta(s)$$

であり，**素因数分解の一意性**を表現している．左側の無限積は**オイラー積**表示と呼ばれ，この発見 (1737 年) が現代のゼータ関数論の起点となった．1737 年はゼータ元年と見なされている．

この論文には，オイラー積の値を表示した

$$\frac{\pi^2}{6} = \frac{2\cdot 2\cdot 3\cdot 3\cdot 5\cdot 5\cdot 7\cdot 7\cdot 11\cdot 11\cdot \text{etc.}}{1\cdot 3\cdot 2\cdot 4\cdot 4\cdot 6\cdot 6\cdot 8\cdot 10\cdot 12\cdot \text{etc.}}.$$

$$\frac{\pi^4}{90} = \frac{4\cdot 4\cdot 9\cdot 9\cdot 25\cdot 25\cdot 49\cdot 49\cdot 121\cdot 121\cdot \text{etc.}}{3\cdot 5\cdot 8\cdot 10\cdot 24\cdot 26\cdot 48\cdot 50\cdot 120\cdot 122\cdot \text{etc.}}.$$

$$\frac{\pi^2}{15} = \frac{4\cdot 9\cdot 25\cdot 49\cdot 121\cdot 169\cdot \text{etc.}}{5\cdot 10\cdot 26\cdot 50\cdot 122\cdot 170\cdot \text{etc.}}.$$

や L 関数版

$$\frac{\pi}{4} = \frac{3\cdot 5\cdot 7\cdot 11\cdot 13\cdot 17\cdot 19\cdot 23\cdot \text{etc.}}{4\cdot 4\cdot 8\cdot 12\cdot 12\cdot 16\cdot 20\cdot 24\cdot \text{etc.}}$$

および,それらの系

$$\frac{2\cdot 2\cdot 4\cdot 6\cdot 6\cdot 8\cdot 10\cdot 12\cdot \text{etc.}}{1\cdot 3\cdot 3\cdot 5\cdot 7\cdot 9\cdot 9\cdot 11\cdot \text{etc.}} = 2$$

等も入っている.

第7峰
素数逆数和

[『全集』I–14巻, 244頁（1737年）]
$$\frac{1}{2}+\frac{1}{3}+\frac{1}{5}+\frac{1}{7}+\frac{1}{11}+\text{etc.}=l.l\infty.$$

[l は自然対数 $\log$；右辺は $\log\log\infty$]

解説　オイラーの書いている式

$$\sum_{p:素数}\frac{1}{p}=\log\log\infty$$

は

$$\sum_{p\leqq x}\frac{1}{p}\sim\log\log x\quad(x\to\infty\text{ のとき比が }1\text{ に行く})$$

という正しい式を意味していると考えられる．証明は第6峰の $n=1$ の場合の対数を取ることによって得られる．**素数の逆数の和は無限大**というこの結果は「素数は無限個ある」という紀元前500年頃のギリシャ数学の金字塔を約2000年振りに革新した画期的なものであり，リーマンによるリーマン予想の提出も，このオイラー研究が出発点であった．

141

第8峰
ゼータ積分表示

[『全集』 I–15 巻, 112 頁 (1769 年)]

$$1+\frac{1}{2^n}+\frac{1}{3^n}+\frac{1}{4^n}+\frac{1}{5^n}+\text{etc.}=\frac{\pm 1}{1\cdot 2\cdot 3\cdots(n-1)}\int\frac{dz}{1-z}(lz)^{n-1}.$$

[積分は 0 から 1 まで；$lz=\log z$]

解説 オイラーの式は

$$\zeta(n)=\frac{(-1)^{n-1}}{\Gamma(n)}\int_0^1\frac{(\log z)^{n-1}}{1-z}\,dz$$

であり, $z=e^{-x}$ とおきかえると

$$\zeta(n)=\frac{1}{\Gamma(n)}\int_0^\infty\frac{x^{n-1}}{e^x-1}\,dx$$

となる. リーマンは, このゼータの積分表示式

$$\zeta(s)=\frac{1}{\Gamma(s)}\int_0^\infty\frac{x^{s-1}}{e^x-1}\,dx$$

によって, すべての複素数 s へと $\zeta(s)$ を解析接続した.

この論文には

$$O=1+\frac{1}{2}+\frac{1}{3}+\frac{1}{4}+\cdots+\frac{1}{x}-lx$$

(ただし，"$x = \infty$") に対する表示

$$O = \frac{1}{2}\left(1 + \frac{1}{2^2} + \frac{1}{3^2} + \frac{1}{4^2} + \text{etc.}\right) - \frac{1}{3}\left(1 + \frac{1}{2^3} + \frac{1}{3^3} + \frac{1}{4^3} + \text{etc.}\right)$$
$$+ \frac{1}{4}\left(1 + \frac{1}{2^4} + \frac{1}{3^4} + \frac{1}{4^4} + \text{etc.}\right) - \frac{1}{5}\left(1 + \frac{1}{2^5} + \frac{1}{3^5} + \frac{1}{4^5} + \text{etc.}\right)$$
$$+ \frac{1}{6}\left(1 + \frac{1}{2^6} + \frac{1}{3^6} + \frac{1}{4^6} + \text{etc.}\right) - \frac{1}{7}\left(1 + \frac{1}{2^7} + \frac{1}{3^7} + \frac{1}{4^7} + \text{etc.}\right)$$
$$\text{etc.}$$

もある（119頁）．つまり，オイラー定数 γ に対する表示である．また

$$1 + \frac{1}{2} + \frac{1}{3} + \frac{1}{4} + \cdots + \frac{1}{x}$$
$$= O + lx + \frac{1}{2x} - \frac{1A}{2x^2} + \frac{1 \cdot 2 \cdot 3B}{2^3 x^4} - \frac{1 \cdot 2 \cdots 5C}{2^5 x^6} + \frac{1 \cdot 2 \cdots 7D}{2^7 x^8} - \text{etc.}$$

という漸近展開（116頁）がオイラー和公式から得られている．

第9峰
ゼータ正規和

[『全集』I–15 巻, 89 頁（1749 年）
$$l\,2 - l\,3 + l\,4 - l\,5 + \text{etc.} = \frac{1}{2} l\,\frac{\pi}{2}.$$

解説　$\varphi(s)$ を用いると

$$\varphi'(s) = \sum_{n=1}^{\infty} (-1)^{n-1} (\log n) n^{-s}$$

となるので，オイラーの式は

$$\varphi'(0) = \frac{1}{2} \log\left(\frac{\pi}{2}\right)$$

を意味している．これは $\varphi(s) = (1 - 2^{1-s})\zeta(s)$ から

$$2(\log 2)\zeta(0) - \zeta'(0) = \frac{1}{2} \log\left(\frac{\pi}{2}\right)$$

と変形される．そこで，第4峰の $\zeta(0) = -\frac{1}{2}$ を用いると

$$\zeta'(0) = -\log \sqrt{2\pi}$$

が導かれる．左辺は

$$-\text{``}\log 1 + \log 2 + \log 3 + \cdots\text{''} = -\log(\text{``}1 \times 2 \times 3 \times \cdots\text{''})$$

であるから
$$\text{``}\infty!\text{''} = \text{``}1 \times 2 \times 3 \times \cdots\text{''} = \sqrt{2\pi}$$
という**ゼータ正規化積**の基本定理が得られる．

第10峰
オイラー定積分

[『全集』I–15巻, 130頁 (1769年)]

$$\int d\varphi\, l\sin.\varphi = -\frac{\pi l 2}{2}. \quad [\text{積分は } 0 \text{ から } \frac{\pi}{2} \text{ まで}]$$

$$l\sin.\varphi = -\cos.2\varphi - \frac{1}{2}\cos.4\varphi - \frac{1}{3}\cos.6\varphi - \frac{1}{4}\cos.8\varphi - \text{etc.} - l\,2.$$

[『全集』I–15巻, 150頁 (1772年)]

$$1 + \frac{1}{3^3} + \frac{1}{5^3} + \frac{1}{7^3} + \text{etc.} = \frac{\pi\pi}{4}l\,2 + 2\int \varphi d\varphi\, l\sin.\varphi.$$

[積分は 0 から $\frac{\pi}{2}$ まで]

解説 オイラーの式

$$\int_0^{\frac{\pi}{2}} \log(\sin x)\, dx = -\frac{\pi}{2}\log 2$$

はオイラーの定積分として有名である．オイラーは"フーリエ展開"

$$\log(\sin x) = -\log 2 - \sum_{n=1}^{\infty} \frac{1}{n}\cos(2nx)$$

を用いて積分値を出している．最後の式は

$$1 + \frac{1}{3^3} + \frac{1}{5^3} + \frac{1}{7^3} + \cdots = \left(1 + \frac{1}{2^3} + \frac{1}{3^3} + \frac{1}{4^3} + \cdots\right)$$
$$- \left(\frac{1}{2^3} + \frac{1}{4^3} + \frac{1}{6^3} + \cdots\right)$$
$$= \zeta(3) - \frac{1}{8}\zeta(3) = \frac{7}{8}\zeta(3)$$

より

$$\zeta(3) = \frac{2\pi^2}{7}\log 2 + \frac{16}{7}\int_0^{\frac{\pi}{2}} x\log(\sin x)\,dx$$

となる．三重三角関数

$$S_3(x) = e^{\frac{x^2}{2}} \prod_{n=1}^{\infty} \left\{\left(1 - \frac{x^2}{n^2}\right)^{n^2} e^{x^2}\right\}$$

を使うことによって

$$\zeta(3) = \frac{8\pi^2}{7}\log\left(S_3\left(\frac{1}{2}\right)^{-1} 2^{\frac{1}{4}}\right)$$

とまとめることができる．

オイラーの計算は関係式（138頁）

$$1 + \frac{1}{3^3} + \frac{1}{5^3} + \frac{1}{7^3} + \text{etc.} = \frac{1}{2}\pi^2(2^2 l2 - 3^2 l3 + 4^2 l4 - 5^2 l5 + \text{etc.})$$

から導かれている．この関係式はゼータの関数等式 $\zeta(3) \leftrightarrow \zeta'(-2)$ である．より詳しくは，$\zeta(3) = -4\pi^2\zeta'(-2)$ となる．

第11峰
発散級数

[『全集』I–14巻，1755/56年]

[591頁]　　$1 + 2 + 4 + 8 + 16 + \text{etc.} = -1,$

　　　　　　$1 + 3 + 9 + 27 + 81 + \text{etc.} = -\dfrac{1}{2}.$

[611頁]　　$1 - 1 + 2 - 6 + 24 - 120 + \text{etc.} = 0.5963473621372\cdots.$

[606頁]　　$1 - 1x + 2x^2 - 6x^3 + 24x^4 - 120x^5 + 720x^6 - 5040x^7 + \text{etc.}$

$$= \cfrac{1}{1 + \cfrac{x}{1 + \cfrac{x}{1 + \cfrac{2x}{1 + \cfrac{2x}{1 + \cfrac{3x}{1 + \cfrac{3x}{1 + \cfrac{4x}{1 + \cfrac{4x}{1 + \cfrac{5x}{1 + \cfrac{5x}{1 + \cfrac{6x}{1 + \cfrac{6x}{1 + \cfrac{7x}{\text{etc.}}}}}}}}}}}}}}$$

[608頁]　　$1 - 1 + 2 - 6 + 24 - 120 + 720 - 5040 +$ etc.

$$= \cfrac{1}{1+\cfrac{1}{1+\cfrac{1}{1+\cfrac{2}{1+\cfrac{2}{1+\cfrac{3}{1+\cfrac{3}{1+\cfrac{4}{1+\cfrac{4}{1+\cfrac{5}{1+\cfrac{5}{1+\cfrac{6}{1+\cfrac{6}{1+\cfrac{7}{\text{etc.}}}}}}}}}}}}}}}$$

解説 最初の 2 式は p を素数としたときの式

$$1 + p + p^2 + p^3 + p^4 + \cdots = -\frac{1}{p-1} = \frac{1}{1-p}$$

の $p = 2, 3$ の場合になっている．この式は実数世界では無理があるが，**p 進世界**では正しい式である．3 番目の式

$$\sum_{n=0}^{\infty} (-1)^n n! = 0.5963 \cdots$$

は**超絶技巧的な値**である．べき級数 $\sum_{n=1}^{\infty} n! x^n$ は $x = -1$ で収束しないだけでなく，$x = 0$ 以外のどんな複素数でも収束しない．連分数展開の美しさは想像を絶する．

　この論文には

$$x - 1x^3 + 1\cdot 3 x^5 - 1\cdot 3\cdot 5 x^7 + 1\cdot 3\cdot 5\cdot 7 x^9 - \text{etc.}$$

$$= \cfrac{x}{1+\cfrac{1xx}{1+\cfrac{2xx}{1+\cfrac{3xx}{1+\cfrac{4xx}{1+\cfrac{5xx}{1+\cfrac{6xx}{1+\text{etc.}}}}}}}}$$

において $x=1$ として得られる

$$1 - 1 + 1\cdot 3 - 1\cdot 3\cdot 5 + 1\cdot 3\cdot 5\cdot 7 - 1\cdot 3\cdot 5\cdot 7\cdot 9 + \text{etc.}$$

$$= \cfrac{1}{1+\cfrac{1}{1+\cfrac{2}{1+\cfrac{3}{1+\cfrac{4}{1+\cfrac{5}{1+\text{etc.}}}}}}}$$

$$= 0{,}65568.$$

も書かれている.

このような不思議な計算の種明かしらしきものが『オイラー全集』にちょっと書いてあるので紹介しておこう. それは

$$s = x - 1x^2 + 2x^3 - 6x^4 + 24x^5 - 120x^6 + \text{etc.}$$

とおくと

$$\frac{ds}{dx} = 1 - 2x + 6xx - 24x^3 + 120x^4 - \text{etc.} = \frac{x-s}{xx}$$

となるので，微分方程式

$$ds + \frac{sdx}{xx} = \frac{dx}{x}$$

を解いて

$$1 - 1 + 2 - 6 + 24 - 120 + \text{etc.} = e \int \frac{e^{-1:x} dx}{x}.$$

を得るというものである．ただし，この最後の式は

$$e \int_0^1 \frac{e^{-\frac{1}{x}}}{x} dx$$

を意味している．この積分は有限なので計算できることになる．

 関数記号を現代風に書き直すと，

$$s(x) = \sum_{n=0}^{\infty} (-1)^n n! x^{n+1} = x - \sum_{n=0}^{\infty} (-1)^n (n+1)! x^{n+2}$$

とおいたときに

$$\text{``}s(1)\text{''} = \text{``}1 - 1 + 2 - 6 + 24 - 120 + \cdots\text{''}$$

を求めたいのであるが，

$$s'(x) = \sum_{n=0}^{\infty} (-1)^n (n+1)! x^n = \frac{x - s(x)}{x^2}$$

が成り立つので
$$(e^{-\frac{1}{x}}s(x))' = \frac{e^{-\frac{1}{x}}}{x}$$
より
$$e^{-\frac{1}{x}}s(x) = \int_0^x \frac{e^{-\frac{1}{t}}}{t}dt,$$
つまり
$$s(x) = e^{\frac{1}{x}}\int_0^x \frac{e^{-\frac{1}{t}}}{t}dt$$
として
$$s(1) = e\int_0^1 \frac{e^{-\frac{1}{t}}}{t}dt$$
とするのである．ここでの $s(x)$ は形式的べき級数なので，形式的微分方程式を解いて「意味ある形」を求めていることになる．

しかし，何故オイラーは連分数展開をしてみようと思ったのだろうか？謎は深い．

第 12 峰
五角数定理

[予想は『全集』I–8 巻, 332 頁 (1748 年), 証明は『全集』I–2 巻, 390–398 頁 (1754 年)]

$(1-x)(1-x^2)(1-x^3)(1-x^4)(1-x^5)(1-x^6)(1-x^7)$ etc.
$= 1 - x - x^2 + x^5 + x^7 - x^{12} - x^{15} + x^{22} + x^{26} - x^{35} - x^{40} + x^{51}$ etc.

[展開式のべきは $\dfrac{3nn \pm n}{2}$, 係数は $(-1)^n$]

$$\int n = \int (n-1) + \int (n-2) - \int (n-5) - \int (n-7)$$
$$+ \int (n-12) + \int (n-15) - \int (n-22) - \int (n-26)$$
$$+ \int (n-35) + \int (n-40) - \int (n-51) - \int (n-57) + \text{etc.}$$

[ただし, $\int n$ は自然数 n の約数の和であり, $\int (n-n) = n$ とおく.]

解説 オイラーの五角数定理として有名な「無限積 = 無限和」型等式

$$\prod_{n=0}^{\infty}(1-x^n) = \sum_{m=-\infty}^{\infty}(-1)^m x^{\frac{m(3m-1)}{2}}$$

である: $m = 1, 2, 3, \ldots$ に対する数 $\frac{m(3m-1)}{2} = 1, 5, 12, \ldots$ が五角数. この

等式は**保型形式論・q 解析・アフィンリー環の指標公式**という現代数学の大きな流れへの端緒を与えた．左辺は η（イータ）関数，右辺は θ（テータ）関数と呼ばれるようになっている．オイラーの発見した深い神秘的な等式である．

$\int n$ に対する式は五角数定理から得られるので，読者は工夫されたい．なお，$\int n$ は現代では $\sigma(n)$ と書く場合が多い．

オイラーは $\int n$ について『全集』I–2 巻で様々な計算をしていて楽しいので，一部を再録する．

一般的な公式としては素数 a に対して

$$\int a^\alpha = 1 + a + a^2 + \cdots + a^\alpha = \frac{a^{\alpha+1} - 1}{a - 1}$$

となり，相異なる素数 $a, b, c, d, \ldots$ に対しては

$$\int a^\alpha b^\beta c^\gamma d^\delta \text{etc.} = \frac{a^{\alpha+1} - 1}{a - 1} \cdot \frac{b^{\beta+1} - 1}{b - 1} \cdot \frac{c^{\gamma+1} - 1}{c - 1} \cdot \frac{d^{\delta+1} - 1}{d - 1} \cdot \text{etc.}$$

となることがあげられている．どこか積分と似ているようだ．

オイラーは実例計算をたくさん行う．たとえば

$\int 1 = 1$	$\int 2 = 3$	$\int 3 = 4$	$\int 4 = 7$
$\int 5 = 6$	$\int 6 = 12$	$\int 7 = 8$	$\int 8 = 15$
$\int 9 = 13$	$\int 10 = 18$	$\int 11 = 12$	$\int 12 = 28$
$\int 13 = 14$	$\int 14 = 24$	$\int 15 = 24$	$\int 16 = 31$
$\int 17 = 18$	$\int 18 = 39$	$\int 19 = 20$	$\int 20 = 42$
$\int 21 = 32$	$\int 22 = 36$	$\int 23 = 24$	$\int 24 = 60$
$\int 25 = 31$	$\int 26 = 42$	$\int 27 = 40$	$\int 28 = 56$

$$\int 29 = 30 \quad \int 30 = 72 \quad \int 31 = 32 \quad \int 32 = 63$$

$$\int 33 = 48 \quad \int 34 = 54 \quad \int 35 = 48 \quad \int 36 = 91$$

$$\int 37 = 38 \quad \int 38 = 60 \quad \int 39 = 56 \quad \int 40 = 90$$

$$\int 41 = 42 \quad \int 42 = 96 \quad \int 43 = 44 \quad \int 44 = 84$$

$$\int 45 = 78 \quad \int 46 = 72 \quad \int 47 = 48 \quad \int 48 = 124$$

$$\int 49 = 57 \quad \int 50 = 93 \quad \int 51 = 72 \quad \int 52 = 98$$

$$\int 53 = 54 \quad \int 54 = 120 \quad \int 55 = 72 \quad \int 56 = 120$$

$$\int 57 = 80 \quad \int 58 = 90 \quad \int 59 = 60 \quad \int 60 = 168$$

$$\int 61 = 62 \quad \int 62 = 96 \quad \int 63 = 104 \quad \int 64 = 127$$

$$\int 65 = 84 \quad \int 66 = 144 \quad \int 67 = 68 \quad \int 68 = 126$$

$$\int 69 = 96 \quad \int 70 = 144 \quad \int 71 = 72 \quad \int 72 = 195$$

$$\int 73 = 74 \quad \int 74 = 114 \quad \int 75 = 124 \quad \int 76 = 140$$

$$\int 77 = 96 \quad \int 78 = 168 \quad \int 79 = 80 \quad \int 80 = 186$$

$$\int 81 = 121 \quad \int 82 = 126 \quad \int 83 = 84 \quad \int 84 = 224$$

$$\int 85 = 108 \quad \int 86 = 132 \quad \int 87 = 120 \quad \int 88 = 180$$

$$\int 89 = 90 \quad \int 90 = 234 \quad \int 91 = 112 \quad \int 92 = 168$$

$$\int 93 = 128 \quad \int 94 = 144 \quad \int 95 = 120 \quad \int 96 = 252$$

$$\int 97 = 98 \quad \int 98 = 171 \quad \int 99 = 156 \quad \int 100 = 217.$$

第 12 峰　五角数定理

を用いると

$$\int 1 = 1,$$
$$\int 2 = \int 1 + 2,$$
$$\int 3 = \int 2 + \int 1,$$
$$\int 4 = \int 3 + \int 2,$$
$$\int 5 = \int 4 + \int 3 - 5,$$
$$\int 6 = \int 5 + \int 4 - \int 1,$$
$$\int 7 = \int 6 + \int 5 - \int 2 - 7,$$
$$\int 8 = \int 7 + \int 6 - \int 3 - \int 1,$$
$$\int 9 = \int 8 + \int 7 - \int 4 - \int 2,$$
$$\int 10 = \int 9 + \int 8 - \int 5 - \int 3,$$
$$\int 11 = \int 10 + \int 9 - \int 6 - \int 4,$$
$$\int 12 = \int 11 + \int 10 - \int 7 - \int 5 + 12$$

がわかり，とくに

$$\int 1 = 1,$$
$$\int 2 = \int (2-1) + 2,$$
$$\int 3 = \int (3-1) + \int (3-2),$$

$$\int 4 = \int (4-1) + \int (4-2),$$
$$\int 5 = \int (5-1) + \int (5-2) - 5,$$
$$\int 6 = \int (6-1) + \int (6-2) - \int (6-5),$$
$$\int 7 = \int (7-1) + \int (7-2) - \int (7-5) - 7,$$
$$\int 8 = \int (8-1) + \int (8-2) - \int (8-5) - \int (8-7),$$
$$\int 9 = \int (9-1) + \int (9-2) - \int (9-5) - \int (9-7),$$
$$\int 10 = \int (10-1) + \int (10-2) - \int (10-5) - \int (10-7),$$
$$\int 11 = \int (11-1) + \int (11-2) - \int (11-5) - \int (11-7),$$
$$\int 12 = \int (12-1) + \int (12-2) - \int (12-5) - \int (12-7) + 12$$

が確かめられる．

$\int n$ の漸化式へのヒント：

$$P(x) = (1-x)(1-x^2)(1-x^3)(1-x^4)\cdots$$
$$= \prod_{n=1}^{\infty}(1-x^n)$$

とおくと

$$\log P(x) = \sum_{n=1}^{\infty} \log(1-x^n)$$
$$= -\sum_{n=1}^{\infty}\sum_{m=1}^{\infty} \frac{1}{m} x^{nm}$$

を微分することによって

$$x\frac{P'(x)}{P(x)} = -\sum_{n=1}^{\infty}\sum_{m=1}^{\infty} nx^{nm}$$

$$= -\sum_{n=1}^{\infty}\left(\int n\right) x^n$$

となるので，分母を払った等式

$$xP'(x) = -\left(\sum_{n=1}^{\infty}\left(\int n\right) x^n\right) P(x)$$

の両辺の $P'(x)$ と $P(x)$ に五角数定理を用いて係数を比較する．なお，$\int n$ の代りに

$$\frac{1}{P(x)} = \sum_{n=0}^{\infty} p(n) x^n$$

として決まる分割数 $p(n)$ ($p(0)=1, p(1)=1, p(2)=2, p(3)=3, p(4)=5,$ ...) に対しても，$\int n$ の漸化式と良く似た形の漸化式が得られる．それには，単に

$$1 = \left(\sum_{n=0}^{\infty} p(n) x^n\right) P(x)$$

において，$P(x)$ に五角数定理を用いれば良い．

付録A　オイラー生誕300年記念集会

2007年4月15日にオイラー生誕300年を迎えたことを受けて，6月にサンクト・ペテルブルグにて記念集会が開催された：

- 6月10日–12日：サンクト・ペテルブルグ・アカデミーにて「オイラー・フェスティバル」．

- 6月13日–19日：オイラー研究所にて「数論幾何研究集会」．

この2つに参加したので，その様子を簡単に報告しよう．（なお，研究集会は6月–7月にかけて，オイラー研究所にてこの他にも開催される．）

前半のオイラー・フェスティバルは一般の人向けにオイラーの業績とその影響を10人の有名数学者が解説するもの．後半の数論幾何研究集会は現代数論の研究者の集りであり，最先端の研究状況を報告し（講演数は30を超えている），意見交換するもの．その合い間には，オイラーが住んでいた家（アカデミーから数百メートルのところ）やオイラーの墓の訪問（サンクト・ペテルブルグ中心部から南東に4kmくらい），オイラーのアカデミーにおける研究の様子を実際にオイラーが用いていた天文・光学機器等を見て体験するツアー（アカデミー横の博物館にて）等が開催され盛り沢山だった．主催者であるサンクト・ペテルブルグ大学，サンクト・ペテルブルグ・アカデミー，オイラー研究所，サンクト・ペテルブルグ市，ロシア政府の熱意がそこここに表れていた．

初日の6月10日にはアカデミーにおける開会式と講演2つの後，バスで6kmほど離れたオイラー研究所に移動し，オイラー胸像の除幕式が行われた．ここには，ロシアの文部科学大臣に当たる人も来て除幕式を行いテレビ撮影や取材もなされていた．天候は前半が快晴続きで白夜が楽しめる日々で，後半が雨模様で寒くなる，という対照的な結果だった．以下に講演をいくつか紹介する．

サンクト・ペテルブルグ・アカデミー

● オイラー・フェスティバル

　豪壮なアカデミーの講堂において 10 個の講演が行われた：10 日 (1), (2), 11 日 (3), (4), (5), (6), 12 日 (7), (8), (9), (10).

(1) ブリューニング「ベルリンにおけるレオンハルト・オイラー」
(J. Brüning, "Leonhard Euler in Berlin").
オイラーのベルリンにおける著作（本が多い）や生活についての紹介．

(2) コズロフ「オイラーと力学における数学的方法」
(V. Kozlov, "Euler and mathematical methods of mechanics").
オイラーの奇妙な計算

$$0! - 1! + 2! - 3! + 4! - 5! + 6! - \cdots = 0.59\cdots$$

が微分方程式に関連することからはじまって，力学的問題の話へ．

(3) ロヴァース「グラフと多面体：オイラーから数学の数多くの分野へ」
(L. Lovász, "Graphs and polyhedra: from Euler to many branches of mathematics").
オイラーの多面体公式 $V - E + F = 2$ やオイラーの橋渡りの問題・一筆書きからはじまって，多様な発展を解説．前日にオイラー研究所で除幕式が

行われたオイラーの胸像の前の花壇には，オイラーの公式 $V-E+F=2$ が花によって描かれていたので，さっそくその写真を紹介していた．

(4) マニン「オイラー積：270年の歴史」

(Yu. Manin, "Euler products: 270 years of history")．

オイラーが1737年に発見したオイラー積

$$\prod_{p:\text{素数}} (1-p^{-s})^{-1} = \sum_{n:\text{自然数}} n^{-s}$$

がどのように発展したかを，セルバーグ・ゼータ関数などにも触れながら紹介．

(5) ヒルツェブルフ「オイラー，リーマン，リーマン–ロッホ」

(F. Hirzebruch, "Euler, Riemann, Riemann–Roch")．

オイラーの公式

$$\sum_{n=1}^{\infty} n^k x^{n-1} = \frac{P_k(x)}{(1-x)^{k+1}} \quad (k=1,2,3,\ldots)$$

からはじめて，リーマン–ロッホ型定理のヒルツェブルフによる拡張までを解説．ここで，$P_1(x)=1$, $P_2(x)=1+x$, $P_3(x)=1+4x+x^2$, $P_4(x)=1+11x+11x^2+x^3$, $P_5(x)=1+26x+66x^2+26x^3+x^4$, $P_6(x)=1+57x+302x^2+302x^3+57x^4+x^5, \ldots$ はオイラー多項式と呼ばれる多項式．

(6) ザハロフ「オイラー方程式と流体力学：新発見と未解決問題」

(V. Zakharov, "Euler equations of hydrodynamics: new discoveries and unsolved problems")．

オイラーが与えた波の方程式「オイラー方程式」を中心とする話．波が急激に大きくなる現象を，実際の海の波の映像やオイラー方程式を解くコンピュータ実験で興味深く示していた．

(7) コンヌ「非可換幾何と物理」

(A. Connes, "Noncommutative geometry and physics")．

非可換幾何を物理に用いることについての話．詳しくはコンヌたちの書いた本を見るようにすすめていた．

(8) ノヴィコフ「グラフと格子上の自己共役シュレディンガー作用素の位相

的・シンプレクティック・代数的性質」

(S. Novikov, "Topological, symplectic and algebraic properties of self-adjoint Schrödinger operators on graphs and lattices").

微分幾何で考えられてきた問題の離散類似についての研究を紹介.

(9) ヴュストルツ「数論へのオイラーの影響:いくつかの観点」

(G. Wüstholz, "Euler's influence on number theory: some aspects").

オイラーの数論への影響を 2 つのテーマで紹介.

  (a) 「奇素数 p が 2 つの平方数の和になる $\Leftrightarrow p \equiv 1 \mod 4$」とその発展.
  (b) オイラーに関連が深い e, $\Gamma(\frac{1}{2}) = \sqrt{\pi}$, $\Gamma(\frac{1}{3})$, $\Gamma(\frac{1}{4})$ の無理数性や超越数性(これらは現在までに超越数であることが証明されている)および周期について.

(10) ファディエーフ「q 類似の現代的発展」

(L. Faddeev, "Modern development of q-analogy").

「q」という文字が,q 超幾何関数,保型形式の q 展開,量子群 (quantum group) と見え方を変えて表れてきている様子を楽しく紹介していた.数式においても,q だけを赤で書いていて,印象がくっきりとなった.

●数論幾何研究集会

サンクト・ペテルブルグの郊外の緑豊かで静かな環境にあるオイラー研究所にて,30 を超える講演があった.ここでは,とくに興味深くわかりやすかった 3 つを紹介したい.その他の講演については,数も多く,専門的に過ぎることもあり,割愛したい.なお,私の講演については付録 B に収載する.

(1) シャヒディ「オイラー積」

(Freydoon Shahidi, "Euler Products").

保型形式 f に対する $L(s, f, \mathrm{Sym}^m)$ の解析性や関数等式,

$$L(s, f, \mathrm{Sym}^m) = L(s, \pi_m)$$

となる $\mathrm{GL}(m+1)$ の保型形式(保型表現)π_m の存在についての話.シャヒディさんは,この方向の最先端の研究を続けてきていて,迫力にみち

オイラー研究所

ていた.シャヒディさんは,この研究集会中に 60 歳になり,同宿の我々で祝うことができた.[なお,オイラー積・ゼータ関数の研究で忘れてならないセルバーグさんは,この研究集会中に 90 歳になられ,プリンストンでお祝いの会が開かれたとのこと.]

(2) デニンガー「解析的トージョンとリヒテンバウムの予想」
(Christopher Deninger, "Analytic torsion and a conjecture of Lichtenbaum").
ゼータ関数の特殊値の表示に関するリヒテンバウムの予想 (2005 年) を力学系のゼータに対して考えることについての話.すっきりとした講演だった.この講演の終盤ではスイスのテレビ局が撮影に来ていた.オイラー 300 年記念番組 (20 分くらい) を製作中とのこと.

(3) フェセンコ「数論的曲面上のオイラー積とアデール構造の二つの顔」
(Ivan Fesenko, "Euler products on arithmetic surfaces and the double

face of their adelic structures").

有理数体上の楕円曲線（整数環上のモデルでみると「楕円曲面」）のハッセ・ゼータの解析性や極についてのフェセンコさんの研究の現状を解説．フェセンコさんの研究の特徴は，このテーマに関する他の研究者が保型形式のエル関数に帰着させることを考えるのに対して，フェセンコさん独特の測度を2次元アデール上に導入して積分表示する点にある．こうすると楕円曲線のエル関数に対するリーマン予想の類似やバーチ−スウィナートン・ダイヤー予想についても，それらが積分の極に出てくることからわかりやすくなるのだ，と熱心に語ってくれた．大変面白い話であった．フェセンコさんはサンクト・ペテルブルグの出身であり，我々を色々と案内していただき感激だった．

サンクト・ペテルブルグのオイラー宅

付録 B　オイラー作用素の行列式

黒川信重

[2007 年 6 月, サンクト・ペテルブルグにて講演]

> **【要旨】**
> オイラー作用素
> $$\mathcal{E}^{(r)} = t_1 \frac{\partial}{\partial t_1} + \cdots + t_r \frac{\partial}{\partial t_r}$$
> が多項式環 $\mathbb{C}[t_1,\ldots,t_r]$ に作用しているとき, その 0 でない固有値全体の正規積 $\mathrm{Det}'(\mathcal{E}^{(r)})$ は
> $$\mathrm{Det}'(\mathcal{E}^{(1)}) = e^{-\zeta'(0)} = \sqrt{2\pi},$$
> $$\mathrm{Det}'(\mathcal{E}^{(2)}) = e^{-\zeta'(0)-\zeta'(1)}$$
> $$= \exp\left(-\frac{\zeta'(2)}{2\pi^2} + \frac{\gamma + 7\log(2\pi) - 1}{12}\right),$$
> $$\mathrm{Det}'(\mathcal{E}^{(3)}) = e^{-(2\zeta'(0)+3\zeta'(-1)+\zeta'(-2))/2}$$
> $$= \exp\left(\frac{\zeta(3)}{8\pi^2} - \frac{3\zeta'(2)}{4\pi^2} + \frac{\gamma + 5\log(2\pi) - 1}{8}\right)$$
> のようにゼータ関数 $\zeta(s)$ に結びついた興味深い量になっている. ここでは重み付きの一般化や変形版を考察する.

オイラー作用素 $\mathcal{E} = t\frac{d}{dt}$ は多項式環 $\mathbb{C}[t]$ に作用し, 次数を取り出す作用素として知られている: $f(t) = \sum_m a_m t^m$ のとき

$$(\mathcal{E}f)(t) = \sum_m m a_m t^m$$

なので, f が $\mathcal{E}$ の固有関数となるのは単項式 at^m のときに限り, そのとき $\mathcal{E}f = mf$. ここで, $m = \deg(f)$ は f の次数. したがって, $\mathcal{E}$ の固有値は

$m = 0, 1, 2, 3, \ldots$ であり，重複度はすべて 1 になっている．よって，$\mathcal{E} + x$ の正規化された行列式

$$\mathrm{Det}(\mathcal{E} + x) = \prod_{m=0}^{\infty} (m + x)$$

はオイラーの発見（1729 年）したガンマ関数を用いて

$$\mathrm{Det}(\mathcal{E} + x) = \frac{\sqrt{2\pi}}{\Gamma(x)}$$

と表示される（レルヒ [L] 1894 年）．また変形行列式版を

$$\widetilde{\mathrm{Det}}(\mathcal{E}, x) = \prod_{m=0}^{\infty} (m + x) \cdot \prod_{n=1}^{\infty} (n - x)$$

$$= \mathrm{Det}(\mathcal{E} + x) \cdot \mathrm{Det}(\mathcal{E} + 1 - x)$$

$$= \mathrm{Det}(\mathcal{E} + x) \cdot \mathrm{Det}(\mathcal{E}^* - x)$$

とおく（$\mathcal{E}^* = \frac{d}{dx} x = \mathcal{E} + 1$）と，

$$\widetilde{\mathrm{Det}}(\mathcal{E}, x) = 2 \sin(\pi x)$$

となる．

オイラー作用素は多変数多項式環 $\mathbb{C}[t_1, \ldots, t_r]$ 上の作用素

$$\mathcal{E} = t_1 \frac{\partial}{\partial t_1} + \cdots + t_r \frac{\partial}{\partial t_r}$$

に一般化される．この際には，多項式

$$f(t_1, \ldots, t_r) = \sum_{m_1, \ldots, m_r} a_{m_1 \cdots m_r} t_1^{m_1} \cdots t_r^{m_r}$$

に

$$(\mathcal{E}f)(t_1, \ldots, t_r) = \sum_{m_1, \ldots, m_r} (m_1 + \cdots + m_r) a_{m_1 \cdots m_r} t_1^{m_1} \cdots t_r^{m_r}$$

として作用するので，f が $\mathcal{E}$ の固有関数になるのは m 次斉次式（m 次同次式）

$$f(t_1, \ldots, t_r) = \sum_{m_1 + \cdots + m_r = m} a_{m_1 \cdots m_r} t_1^{m_1} \cdots t_r^{m_r}$$

のときのみであり，そのときは

$$\mathcal{E}f = \deg(f)f$$

となる．したがって，$\mathcal{E}$ の固有値は $m = 0, 1, 2, \ldots$ であり，重複度は

$$\#\left\{(m_1, \ldots, m_r) \,\middle|\, \begin{array}{l} m_1, \ldots, m_r \geqq 0 \\ m_1 + \cdots + m_r = m \end{array}\right\} = \frac{(m+1) \cdots (m+r-1)}{(r-1)!}$$

となる．このときの正規行列式

$$\mathrm{Det}(\mathcal{E} + x) = \prod_{m_1, \ldots, m_r \geqq 0} (m_1 + \cdots + m_r + x)$$

とその変形版

$$\widetilde{\mathrm{Det}}(\mathcal{E}, x) = \prod_{m_1, \ldots, m_r \geqq 0}^{\infty} (m_1 + \cdots + m_r + x)$$

$$\times \left(\prod_{n_1, \ldots, n_r \geqq 1}^{\infty} (n_1 + \cdots + n_r - x)\right)^{(-1)^{r-1}}$$

$$= \mathrm{Det}(\mathcal{E} + x) \cdot \mathrm{Det}(\mathcal{E} + r - x)^{(-1)^{r-1}}$$

$$= \mathrm{Det}(\mathcal{E} + x) \cdot \mathrm{Det}(\mathcal{E}^* - x)^{(-1)^{r-1}}$$

は，それぞれ多重ガンマ関数と多重三角関数に結びつく．ただし，$\mathcal{E}^* = \frac{\partial}{\partial t_1}t_1 + \cdots + \frac{\partial}{\partial t_r}t_r = \mathcal{E} + r$.

ここでは，より一般に重み $\boldsymbol{\omega} = (\omega_1, \ldots, \omega_r)$ 付のオイラー作用素

$$\mathcal{E}_{\boldsymbol{\omega}} = \omega_1 t_1 \frac{\partial}{\partial t_1} + \cdots + \omega_r t_r \frac{\partial}{\partial t_r}$$

に対する正規行列式

$$\mathrm{Det}(\mathcal{E}_{\boldsymbol{\omega}} + x) = \prod_{m_1, \ldots, m_r \geqq 0} (m_1 \omega_1 + \cdots + m_r \omega_r + x)$$

と変形版

$$\widetilde{\mathrm{Det}}(\mathcal{E}_{\boldsymbol{\omega}}, x) = \prod_{m_1, \ldots, m_r \geqq 0} (m_1 \omega_1 + \cdots + m_r \omega_r + x)$$

$$\times \left(\prod_{n_1,\ldots,n_r \geqq 1} (n_1\omega_1 + \cdots + n_r\omega_r - x) \right)^{(-1)^{r-1}}$$

$$= \mathrm{Det}(\mathcal{E}_{\boldsymbol{\omega}} + x) \cdot \mathrm{Det}(\mathcal{E}_{\boldsymbol{\omega}} + \omega_1 + \cdots + \omega_r - x)^{(-1)^{r-1}}$$

$$= \mathrm{Det}(\mathcal{E}_{\boldsymbol{\omega}} + x) \cdot \mathrm{Det}(\mathcal{E}_{\boldsymbol{\omega}}^* - x)^{(-1)^{r-1}}$$

を考察する．ただし，$\omega_1, \ldots, \omega_r$ は 0 でない複素数であり，0 を通るある直線の片側に属するものとする（片側性条件）．また，$\mathcal{E}_{\boldsymbol{\omega}}^* = \omega_1 \frac{\partial}{\partial t_1} t_1 + \cdots + \omega_r \frac{\partial}{\partial t_r} t_r = \mathcal{E}_{\boldsymbol{\omega}} + \omega_1 + \cdots + \omega_r$．これらも多重ガンマ関数（バーンズ [B]）や多重三角関数（黒川 [K1]）に帰着する．とくに簡単な $r = 1$ の場合には

$$\mathrm{Det}(\mathcal{E}_\omega + x) = \frac{\sqrt{2\pi}}{\Gamma(\frac{x}{\omega})} \omega^{\frac{1}{2} - \frac{x}{\omega}},$$

$$\widetilde{\mathrm{Det}}(\mathcal{E}_\omega, x) = 2 \sin\left(\frac{\pi x}{\omega}\right)$$

と通常のガンマ関数と三角関数によって求められる．この場合の N 倍角の公式（$N \geqq 2$ 整数）や N 分値についてはオイラーが研究しており，

$$\prod_{k=1}^{N-1} \widetilde{\mathrm{Det}}\left(\mathcal{E}_\omega, \frac{k\omega}{N}\right) = N$$

や

$$\prod_{k=1}^{N-1} \mathrm{Det}\left(\mathcal{E}_\omega + \frac{k\omega}{N}\right) = \sqrt{N}$$

という公式は実質的にオイラーによるものである．前者はよく知られている

$$\prod_{k=1}^{N-1} \sin\left(\frac{\pi k}{N}\right) = \frac{N}{2^{N-1}}$$

と同じ内容であり，後者は

$$\prod_{k=1}^{N-1} \Gamma\left(\frac{k}{N}\right) = \frac{(2\pi)^{\frac{N-1}{2}}}{\sqrt{N}}$$

の言い換えである．

多重版 $\mathrm{Det}(\mathcal{E}_{\boldsymbol{\omega}} + x)$, $\widetilde{\mathrm{Det}}(\mathcal{E}_{\boldsymbol{\omega}}, x)$ に対する N 倍角の公式や N 分値の積公

式も知られている．たとえば，簡明な式

$$\prod_{\substack{k_1,\ldots,k_r=0,\ldots,N-1\\(k_1,\ldots,k_r)\neq(0,\ldots,0)}} \widetilde{\mathrm{Det}}\Bigl(\mathcal{E}_{\boldsymbol{\omega}},\frac{k_1\omega_1+\cdots+k_r\omega_r}{N}\Bigr)=N$$

が成立する．$r=1$ のときは既に述べたオイラーの公式と一致する．ただし，積は単純であるが，各 N 分値は複雑であり，$r=3$ のときは 2 分値でも

$$\widetilde{\mathrm{Det}}\Bigl(\mathcal{E}_{(1,1,1)},\frac{3}{2}\Bigr)$$
$$=\prod_{m_1,m_2,m_3\geqq 0}\Bigl(\Bigl(m_1+\frac{1}{2}\Bigr)+\Bigl(m_2+\frac{1}{2}\Bigr)+\Bigl(m_3+\frac{1}{2}\Bigr)\Bigr)^2$$
$$=2^{-\frac{1}{8}}\exp\Bigl(-\frac{3\zeta(3)}{16\pi^2}\Bigr)$$

のようになる．[これは，量子力学における 3 次元の調和振動子のハミルトニアンの行列式

$$\mathrm{Det}\Bigl(\mathcal{E}_{(1,1,1)}+\frac{3}{2}\Bigr)$$
$$=\prod_{m_1,m_2,m_3\geqq 0}\Bigl(\Bigl(m_1+\frac{1}{2}\Bigr)+\Bigl(m_2+\frac{1}{2}\Bigr)+\Bigl(m_3+\frac{1}{2}\Bigr)\Bigr)$$

の平方である．]それでも，$r=2$ のときは比較的簡明な場合があり，2 分値の積として出てきた 2 は

$$\widetilde{\mathrm{Det}}\Bigl(\mathcal{E}_{(\omega_1,\omega_2)},\frac{\omega_1}{2}\Bigr)=\sqrt{2},$$
$$\widetilde{\mathrm{Det}}\Bigl(\mathcal{E}_{(\omega_1,\omega_2)},\frac{\omega_2}{2}\Bigr)=\sqrt{2},$$
$$\widetilde{\mathrm{Det}}\Bigl(\mathcal{E}_{(\omega_1,\omega_2)},\frac{\omega_1+\omega_2}{2}\Bigr)=1$$

の 3 個の積 $2=\sqrt{2}\times\sqrt{2}\times 1$ に分解する．また，$r=2$ のときの "1 分値" の公式

$$\widetilde{\mathrm{Det}}\bigl(\mathcal{E}_{(\omega_1,\omega_2)},\omega_1\bigr)=\sqrt{\frac{\omega_2}{\omega_1}},$$
$$\widetilde{\mathrm{Det}}\bigl(\mathcal{E}_{(\omega_1,\omega_2)},\omega_2\bigr)=\sqrt{\frac{\omega_1}{\omega_2}}$$

はデデキントの η 関数

$$\eta(\tau) = e^{\frac{\pi i \tau}{12}} \prod_{n=1}^{\infty} (1 - e^{2\pi i n \tau})$$

に対する変換公式

$$\eta\left(-\frac{1}{\tau}\right) = \sqrt{\frac{\tau}{i}} \eta(\tau)$$

と等価であることが知られている．実際，

$$\widetilde{\mathrm{Det}}(\mathcal{E}_{(1,\tau)}, \tau) = \frac{\eta(\tau)}{\eta(-\frac{1}{\tau})} e^{-\frac{\pi i}{4}}$$

が成立する．

　今回は，次の2つの問題に注意を向ける：

(1) $\widetilde{\mathrm{Det}}(\mathcal{E}_{\boldsymbol{\omega}}, x)$, $\widetilde{\mathrm{Det}}(\mathcal{E}_{\boldsymbol{\omega}} + x)$ の $x=0$ における微分係数，

(2) $\widetilde{\mathrm{Det}}(\mathcal{E}_{\boldsymbol{\omega}}, x)$, $\widetilde{\mathrm{Det}}(\mathcal{E}_{\boldsymbol{\omega}} + x)$ の $x=0$ の周辺における「加法公式」．

この2つの問題は，一般に，$x=0$ の周辺で定義された関数 $F(x)$ が $F(0)=0$, $F'(0) \neq 0$ をみたしているときに考えられる問題であり，(1) は

$$F(x) = \sum_{m=1}^{\infty} a_m x^m$$

というテイラー展開の係数 $a_m = F^{(m)}(0)/m!$ を求める問題，(2) は 0 の周辺の x, y に対して

$$F(x+y) = F(x) + F(y) + \sum_{m,n=1}^{\infty} c_{mn} F(x)^m F(y)^n$$

が成立する c_{mn} を求める問題となる．ここで，

$$F(x+y) = \Phi(F(x), F(y))$$

となる

$$\Phi(u, v) = u + v + \sum_{m,n=1}^{\infty} c_{mn} u^m v^n$$

は，$F(x)$ の逆関数 $F^{-1}(u)$ を用いて ($F(F^{-1}(u)) = u$)

$$\Phi(u, v) = F(F^{-1}(u) + F^{-1}(v))$$

と決まる．とくに
$$c_{11} = \frac{F''(0)}{F'(0)^2} = \frac{2a_2}{a_1^2},$$
$$c_{12} = c_{21} = \frac{1}{2}\Big(\frac{F'''(0)}{F'(0)^3} - \frac{F''(0)^2}{F'(0)^4}\Big)$$
$$= \frac{3a_3}{a_1^3} - \frac{2a_2^2}{a_1^4}$$
となる．さらに，$\Phi(u,v)$ は形式群の公式をみたす：
$$\Phi(u,0) = u,$$
$$\Phi(0,v) = v,$$
$$\Phi(\Phi(u,v),w) = \Phi(u,\Phi(v,w)).$$
[たとえば，
$$F(x) = x \quad \text{のときは} \quad \Phi(u,v) = u+v,$$
$$F(x) = e^x - 1 \quad \text{のときは} \quad \Phi(u,v) = u+v+uv,$$
$$F(x) = \sin x \quad \text{のときは} \quad \Phi(u,v) = u\sqrt{1-v^2} + v\sqrt{1-u^2}$$
$$= u+v - \frac{1}{2}(uv^2 + u^2v) + \cdots,$$
$$F(x) = \tanh x \quad \text{のときは} \quad \Phi(u,v) = \frac{u+v}{1+uv}$$
$$= u+v - (uv^2 + u^2v) + \cdots$$
である．] 我々の場合は
$$\mathrm{Det}(\mathcal{E}_{\boldsymbol{\omega}} + x) = \sum_{m=1}^{\infty} \mathrm{Det}^{(m)}(\mathcal{E}_{\boldsymbol{\omega}})\frac{x^m}{m!},$$
$$\widetilde{\mathrm{Det}}(\mathcal{E}_{\boldsymbol{\omega}}, x) = \sum_{m=1}^{\infty} \widetilde{\mathrm{Det}}^{(m)}(\mathcal{E}_{\boldsymbol{\omega}})\frac{x^m}{m!},$$
$$\mathrm{Det}(\mathcal{E}_{\boldsymbol{\omega}} + x + y) = \Phi_{\boldsymbol{\omega}}(\mathrm{Det}(\mathcal{E}_{\boldsymbol{\omega}} + x), \mathrm{Det}(\mathcal{E}_{\boldsymbol{\omega}} + y))$$
$$= \mathrm{Det}(\mathcal{E}_{\boldsymbol{\omega}} + x) + \mathrm{Det}(\mathcal{E}_{\boldsymbol{\omega}} + y)$$

$$+ \sum_{m,n=1}^{\infty} c_{mn}(\boldsymbol{\omega})\mathrm{Det}(\mathcal{E}_{\boldsymbol{\omega}}+x)^m \mathrm{Det}(\mathcal{E}_{\boldsymbol{\omega}}+y)^n,$$

$$\widetilde{\mathrm{Det}}(\mathcal{E}_{\boldsymbol{\omega}}, x+y) = \widetilde{\Phi}_{\boldsymbol{\omega}}(\widetilde{\mathrm{Det}}(\mathcal{E}_{\boldsymbol{\omega}}, x), \widetilde{\mathrm{Det}}(\mathcal{E}_{\boldsymbol{\omega}}, y))$$
$$= \widetilde{\mathrm{Det}}(\mathcal{E}_{\boldsymbol{\omega}}, x) + \widetilde{\mathrm{Det}}(\mathcal{E}_{\boldsymbol{\omega}}, y)$$
$$+ \sum_{m,n=1}^{\infty} \widetilde{c}_{mn}(\boldsymbol{\omega})\widetilde{\mathrm{Det}}(\mathcal{E}_{\boldsymbol{\omega}}, x)^m \widetilde{\mathrm{Det}}(\mathcal{E}_{\boldsymbol{\omega}}, y)^n$$

を考えることが問題である. ただし, 以下では簡単のため $\widetilde{\mathrm{Det}}(\mathcal{E}_{\boldsymbol{\omega}}, x)$ の場合を中心に扱う. なお,

$$\mathrm{Det}(\mathcal{E}_{\boldsymbol{\omega}}) = \widetilde{\mathrm{Det}}(\mathcal{E}_{\boldsymbol{\omega}}) = 0$$

であり,

$$\mathrm{Det}'(\mathcal{E}_{\boldsymbol{\omega}}) = \mathrm{Det}^{(1)}(\mathcal{E}_{\boldsymbol{\omega}}) = \prod_{\substack{\boldsymbol{m} \geqq \boldsymbol{0} \\ \boldsymbol{m} \neq \boldsymbol{0}}} (\boldsymbol{m} \cdot \boldsymbol{\omega}) \neq 0,$$

$$\widetilde{\mathrm{Det}}'(\mathcal{E}_{\boldsymbol{\omega}}) = \widetilde{\mathrm{Det}}^{(1)}(\mathcal{E}_{\boldsymbol{\omega}}) = \prod_{\substack{\boldsymbol{m} \geqq \boldsymbol{0} \\ \boldsymbol{m} \neq \boldsymbol{0}}} (\boldsymbol{m} \cdot \boldsymbol{\omega}) \cdot \Big(\prod_{\boldsymbol{n} \geqq \boldsymbol{1}} (\boldsymbol{n} \cdot \boldsymbol{\omega}) \Big)^{(-1)^{r-1}} \neq 0$$

である.

既に述べたように, $r=1$ の

$$\widetilde{\mathrm{Det}}(\mathcal{E}_{\boldsymbol{\omega}}, x) = 2\sin\left(\frac{\pi x}{\omega}\right)$$

の場合は, 完全な情報がオイラーによって得られている.

定理 0（オイラー）

(1) $\mathrm{Det}'(\mathcal{E}_{\omega}) = \sqrt{\dfrac{2\pi}{\omega}}.$

(2) $\widetilde{\mathrm{Det}}'(\mathcal{E}_{\omega}) = \dfrac{2\pi}{\omega} = \mathrm{Det}'(\mathcal{E}_{\omega})^2.$

(3) $\widetilde{\Phi}_{\omega}(u,v) = u\sqrt{1-\dfrac{v^2}{4}} + v\sqrt{1-\dfrac{u^2}{4}}$

$$= u + v - \frac{1}{8}(uv^2 + u^2v) + \cdots.$$

(4) $\Phi_\omega(u, v) = u + v + \sqrt{\frac{2}{\pi\omega}}(\gamma - \log\omega)uv$

$$+ \frac{(\gamma - \log\omega)^2 - \pi^2}{4\pi\omega}(uv^2 + u^2v) + \cdots.$$

以下には $r = 2$ の $\widetilde{\mathrm{Det}}(\mathcal{E}_{(\omega_1,\omega_2)}, x)$ の場合に得られた結果を報告する．そのため，$\mathrm{Im}(\tau) > 0$ に対して

$$E_1(\tau) = -\frac{1}{4} + \sum_{n=1}^{\infty} d(n) e^{2\pi i n \tau}$$

とおく．ただし，$d(n)$ は n の約数の個数を表す．

定理 1

(1) $\widetilde{\mathrm{Det}}'(\mathcal{E}_{(\omega_1,\omega_2)}) = \dfrac{2\pi}{\sqrt{\omega_1\omega_2}} = \mathrm{Det}'(\mathcal{E}_{\omega_1})\mathrm{Det}'(\mathcal{E}_{\omega_2})$.

(2) $\widetilde{\mathrm{Det}}''(\mathcal{E}_{(\omega_1,\omega_2)}) = \dfrac{8\pi^2 i}{(\omega_1\omega_2)^{\frac{3}{2}}}\left(E_1\left(-\dfrac{\omega_1}{\omega_2}\right) - \dfrac{\omega_2}{\omega_1}E_1\left(\dfrac{\omega_2}{\omega_1}\right)\right)$.

ただし，ここでは $\mathrm{Im}(\frac{\omega_2}{\omega_1}) > 0$.

(3) $\widetilde{c}_{11}(\omega_1, \omega_2) = \dfrac{2i}{\sqrt{\omega_1\omega_2}}\left(E_1\left(-\dfrac{\omega_1}{\omega_2}\right) - \dfrac{\omega_2}{\omega_1}E_1\left(\dfrac{\omega_2}{\omega_1}\right)\right)$.

ここで，$\mathrm{Im}(\frac{\omega_2}{\omega_1}) > 0$.

(4) $\widetilde{\mathrm{Det}}'(\mathcal{E}_{(1,1)}) = 2\pi$, $\widetilde{\mathrm{Det}}''(\mathcal{E}_{(1,1)}) = -4\pi$, $\widetilde{c}_{11}(1,1) = -\dfrac{1}{\pi}$.

定理 2 [応用]

$$\lim_{\substack{\tau \to 1 \\ \mathrm{Im}(\tau) > 0}} \left(E_1\left(-\frac{1}{\tau}\right) - \tau E_1(\tau)\right) = -\frac{1}{2\pi i}.$$

定理 3

(1) $\widetilde{c}_{12}(\omega_1,\omega_2) = \widetilde{c}_{21}(\omega_1,\omega_2)$
$$= -\frac{1}{8}\left\{\widetilde{c}_{11}(\omega_1,\omega_2)^2 + \frac{1}{2}\left(\frac{\omega_2}{\omega_1}+\frac{\omega_1}{\omega_2}\right)\right\}.$$

(2) $\widetilde{c}_{12}(1,1) = \widetilde{c}_{21}(1,1) = -\dfrac{1}{8}\left(\dfrac{1}{\pi^2}+1\right).$

(3) $\widetilde{\mathrm{Det}}'''(\mathcal{E}_{(1,1)}) = 6\pi - 2\pi^3$.

なお,オイラー作用素 $\mathcal{E}_{(\omega_1,\ldots,\omega_r)}$ は非可換多項式環 $\mathbb{C}[t_1,\ldots,t_r]_{nc}$ 版 $\mathcal{E}^{nc}_{(\omega_1,\ldots,\omega_r)}$ を自然に考えることができる.このときは,$\mathcal{E}^{nc}_{(\omega_1,\ldots,\omega_r)}$ の固有値は

$$m_1\omega_1 + \cdots + m_r\omega_r \quad (m_1,\ldots,m_r \geqq 0 \text{ は整数})$$

の形であり,その重複度は多項係数

$$\frac{(m_1+\cdots+m_r)!}{m_1!\cdots m_r!}$$

となる.したがって,正規行列式 $\mathrm{Det}(\mathcal{E}^{nc}_{(\omega_1,\ldots,\omega_r)}+x)$ を考えるためのスペクトルゼータは

$$\sum_{m_1,\ldots,m_r=0}^{\infty} \frac{(m_1+\cdots+m_r)!}{m_1!\cdots m_r!}(m_1\omega_1+\cdots+m_r\omega_r+x)^{-s}$$

となる.これは収束に関する困難を抱えているが,それを克服して $\mathrm{Det}(\mathcal{E}^{nc}_{\omega}+x)$ や $\widetilde{\mathrm{Det}}(\mathcal{E}^{nc}_{\omega},x)$ を考えることは大変面白い問題であろう.また,再び収束の困難が現れるが,オイラー作用素 $\mathcal{E}_{(\omega_1,\ldots,\omega_r)}$ をローラン多項式環 $\mathbb{C}[t_1^{\pm},\ldots,t_r^{\pm}]$ 版で考えることも,同様に興味深い問題である.

さらに,オイラー作用素が環の微分(導分)作用素の中でとくに良い性質を持っていることを理解することも重要であろう.そのためには,$\mathbb{C}$-代数 A の $\mathbb{C}$ 上の微分 $\partial: A \to A$ に対して $\mathrm{Det}(\partial + x)$ の研究が待たれる.ここで,∂ は $\mathbb{C}$-線型写像でライプニッツ条件

$$\partial(ab) = \partial(a)b + a\partial(b)$$

をみたすものであり,オイラー作用素 $\mathcal{E}$ はこの条件をみたしている.このよ

うに一般化すると，たとえば $A = \mathbb{C}[t_1, t_2]$ においても，$\partial = t_2\frac{\partial}{\partial t_1} + t_1\frac{\partial}{\partial t_2}$ のようにオイラー作用素と似た形をしているものの $\mathrm{Det}(\partial + x)$ が大きく違ってくることが起る．また，このときに $\mathcal{E}_{(1,-1)} = t_1\frac{\partial}{\partial t_1} - t_2\frac{\partial}{\partial t_2}$ の場合と比較してみるとわかるように，オイラー作用素 $\mathcal{E}_{(\omega_1,\ldots,\omega_r)}$ における「片側性条件 ($\omega_1, \ldots, \omega_r$ が 0 を通る直線の片側に属する)」の重要性も判明する．

文献

[B] B.W. Barnes: On the theory of the multiple gamma function, Trans. Cambridge Philos. Soc., **19** (1904) 374–425.

[E] L. Euler: Introductio in Analysin Infinitorum, 1748.

[K1] N. Kurokawa: Gamma factors and Plancherel measures, Proc. Japan. Acad. **68A** (1992) 256–260.

[K2] N. Kurokawa: Derivatives of multiple sine functions, Proc. Japan Acad. **80A** (2004) 65–69.

[L] M. Lerch: Další studie v oboru Malmsténovských řad, Rozpravy České Akad., **3** (1894), No.28, 1–61.

[解説] 計算の仕方等について簡単に補足する．

(A) $\widetilde{\mathrm{Det}}'(\mathcal{E}_{(\omega_1,\omega_2)})$ の計算

$$\widetilde{\mathrm{Det}}'(\mathcal{E}_{(\omega_1,\omega_2)}) = \frac{\prod'_{m_1,m_2 \geq 0}(m_1\omega_1 + m_2\omega_2)}{\prod_{m_1,m_2 \geq 1}(m_1\omega_1 + m_2\omega_2)}$$

$$= \prod_{m_1=1}^{\infty}(m_1\omega_1) \times \prod_{m_2=1}^{\infty}(m_2\omega_2)$$

$$= \mathrm{Det}'(\mathcal{E}_{\omega_1}) \times \mathrm{Det}'(\mathcal{E}_{\omega_2})$$

$$= \sqrt{\frac{2\pi}{\omega_1}} \times \sqrt{\frac{2\pi}{\omega_2}}$$

$$= \frac{2\pi}{\sqrt{\omega_1\omega_2}}.$$

(B) $\widetilde{\mathrm{Det}}(\mathcal{E}_{(\omega_1,\omega_2)},\omega_i)$ の計算

$$\widetilde{\mathrm{Det}}(\mathcal{E}_{(\omega_1,\omega_2)},\omega_1) = \frac{\mathrm{Det}(\mathcal{E}_{(\omega_1,\omega_2)}+\omega_1)}{\mathrm{Det}(\mathcal{E}_{(\omega_1,\omega_2)}+\omega_2)}$$

$$= \lim_{x\to 0}\frac{\mathrm{Det}(\mathcal{E}_{(\omega_1,\omega_2)}+\omega_1+x)}{\mathrm{Det}(\mathcal{E}_{(\omega_1,\omega_2)}+\omega_2+x)}$$

$$= \lim_{x\to 0}\frac{\mathrm{Det}(\mathcal{E}_{(\omega_1,\omega_2)}+x)\mathrm{Det}(\mathcal{E}_{\omega_2}+x)^{-1}}{\mathrm{Det}(\mathcal{E}_{(\omega_1,\omega_2)}+x)\mathrm{Det}(\mathcal{E}_{\omega_1}+x)^{-1}}$$

$$= \lim_{x\to 0}\frac{\mathrm{Det}(\mathcal{E}_{\omega_1}+x)}{\mathrm{Det}(\mathcal{E}_{\omega_2}+x)}$$

$$= \frac{\mathrm{Det}'(\mathcal{E}_{\omega_1})}{\mathrm{Det}'(\mathcal{E}_{\omega_2})}$$

$$= \frac{\sqrt{\frac{2\pi}{\omega_1}}}{\sqrt{\frac{2\pi}{\omega_2}}}$$

$$= \sqrt{\frac{\omega_2}{\omega_1}}.$$

同様に,
$$\widetilde{\mathrm{Det}}(\mathcal{E}_{(\omega_1,\omega_2)},\omega_2) = \sqrt{\frac{\omega_1}{\omega_2}}.$$

(C) 加法公式の意義

加法公式
$$\widetilde{\mathrm{Det}}(\mathcal{E}_{\boldsymbol{\omega}},x+y) = \widetilde{\Phi}_{\boldsymbol{\omega}}(\widetilde{\mathrm{Det}}(\mathcal{E}_{\boldsymbol{\omega}},x),\widetilde{\mathrm{Det}}(\mathcal{E}_{\boldsymbol{\omega}},y))$$

において, r が奇数であり
$$x = y = \frac{\omega_1+\cdots+\omega_r}{2} = \frac{|\boldsymbol{\omega}|}{2}$$

を代入できたとすると,
$$\widetilde{\Phi}_{\boldsymbol{\omega}}\left(\widetilde{\mathrm{Det}}\left(\mathcal{E}_{\boldsymbol{\omega}},\frac{|\boldsymbol{\omega}|}{2}\right),\widetilde{\mathrm{Det}}\left(\mathcal{E}_{\boldsymbol{\omega}},\frac{|\boldsymbol{\omega}|}{2}\right)\right) = \widetilde{\mathrm{Det}}(\mathcal{E}_{\boldsymbol{\omega}},|\boldsymbol{\omega}|) = 0$$

より, $\widetilde{\mathrm{Det}}(\mathcal{E}_{\boldsymbol{\omega}},\frac{|\boldsymbol{\omega}|}{2})$ に対する何らかの "方程式" が得られることになる. た

とえば，$r=1$ というとくに簡単な場合では
$$\widetilde{\Phi}_\omega(u,u) = 2u\sqrt{1-\frac{u^2}{4}}$$
であり
$$\widetilde{\Phi}_\omega\Big(\widetilde{\mathrm{Det}}\Big(\mathcal{E}_\omega,\frac{\omega}{2}\Big), \widetilde{\mathrm{Det}}\Big(\mathcal{E}_\omega,\frac{\omega}{2}\Big)\Big) = 0$$
をみたす．実際，この場合は $\widetilde{\mathrm{Det}}(\mathcal{E}_\omega,\frac{\omega}{2})=2$ である．加法公式を N 分値に適用することや r が偶数のときも同様である．

(D) $\widetilde{\mathrm{Det}}(\mathcal{E}_{(\omega_1,\omega_2)},\frac{\omega_i}{2})$ の計算

$$\widetilde{\mathrm{Det}}\Big(\mathcal{E}_{(\omega_1,\omega_2)},\frac{\omega_1}{2}\Big) = \frac{\mathrm{Det}\Big(\mathcal{E}_{(\omega_1,\omega_2)}+\frac{\omega_1}{2}\Big)}{\mathrm{Det}\Big(\mathcal{E}_{(\omega_1,\omega_2)}+\frac{\omega_1}{2}+\omega_2\Big)}$$
$$= \mathrm{Det}\Big(\mathcal{E}_{\omega_1}+\frac{\omega_1}{2}\Big)$$
$$= \prod_{n=0}^\infty \Big(\Big(n+\frac{1}{2}\Big)\omega_1\Big)$$
$$= \sqrt{2}.$$

同様に
$$\widetilde{\mathrm{Det}}\Big(\mathcal{E}_{(\omega_1,\omega_2)},\frac{\omega_2}{2}\Big) = \sqrt{2}.$$

なお，
$$\mathrm{Det}\Big(\mathcal{E}_\omega+\frac{\omega}{2}\Big) = \prod_{n=0}^\infty \Big(\Big(n+\frac{1}{2}\Big)\omega\Big) = \sqrt{2}$$
は1次元調和振動子のハミルトニアンの行列式である．

(E) $E_k(\tau)$ について

$E_1(\tau)$ の定義は $k\in\mathbb{C}\setminus\{0\}$ に対して
$$E_k(\tau) = \frac{\zeta(1-k)}{2} + \sum_{n=1}^\infty \sigma_{k-1}(n)e^{2\pi in\tau}$$
と拡張できる．ここで，$\sigma_{k-1}(n)$ は n の約数の $k-1$ 乗の和．古典的な保型

形式論（第 12 峰からの発展）によって，4 以上の偶数 k に対しては
$$E_k\left(-\frac{1}{\tau}\right) = \tau^k E_k(\tau)$$
という完全な保型性（重さ k）が成立することが知られている．定理 1 のとおり $E_1(-\frac{1}{\tau}) - \tau E_1(\tau)$ が $\widetilde{\mathrm{Det}}(\mathcal{E}_{(1,\tau)}, x)$ に結びついている．

もっと詳しくは，
$$\widetilde{\mathrm{Det}}(\mathcal{E}_{(1,\tau)}, x) = \frac{1}{\sqrt{\tau}} \exp\left(\sum_{\substack{k \geq 1 \\ \text{奇数}}} \left(E_k\left(-\frac{1}{\tau}\right) - \tau^k E_k(\tau) \right) \left(\frac{2\pi i}{\tau} \right)^k \frac{(x-\tau)^k}{k!} \right.$$
$$\left. + \sum_{\substack{k \geq 2 \\ \text{偶数}}} \frac{\zeta(k)}{k} \left(1 - \frac{1}{\tau^k} \right) (x-\tau)^k \right)$$

が τ の周辺の x に対して成立している．さらに，
$$\lim_{\substack{\tau \to 1 \\ \mathrm{Im}(\tau) > 0}} \left(E_k\left(-\frac{1}{\tau}\right) - \tau^k E_k(\tau) \right) = \frac{(-1)^k B_{k-1}}{2\pi i}$$

がすべての $k \geq 1$（k の偶奇によらず）に対して成り立つこともわかる．ここで，B_k は
$$\frac{t}{e^t - 1} = \sum_{k=0}^{\infty} \frac{B_k}{k!} t^k$$

で決まるベルヌーイ数であり，上式では B_{k-1} で出ている（とくに，k が 4 以上の偶数のときには B_{k-1} は 0 である）．

付録C　ゼータと地球

　ゼータに親しむには「ゼータ惑星」の生物と考えることが役に立つ．ここでは，ゼータ惑星と地球の対応関係を一覧表にしておこう．双方の難問解決に有効に活用されたい．

ゼータ惑星	地球
ゼータ	生物
非コンパクトゼータ	植物
コンパクトゼータ	動物
明公式	光合成
本質的零点	光（エネルギー）
自明零点	二酸化炭素（CO_2）
素数	でんぷん
無限素点	酸素（O_2）
明公式： 本質的零点 + 自明零点 = 素数 + 無限素点	光合成： 光 + CO_2 = でんぷん + O_2　（水は略）
Z-スキーム	光合成 Z-スキーム
数論ゼータ（$\zeta(s)$ 等）	葉緑体
"ヒルベルト–ポーヤ作用素" 　　　　　（未発見）	葉緑体 DNA
多重ガンマ・多重三角関数	ミトコンドリア
オイラー作用素	ミトコンドリア DNA
非コンパクトゼータの模式図 (H)(O)(P)(E)	植物の模式図 (カ)(ミ)(ヨ)(べ)
コンパクトゼータの模式図 (H)(O)(E)	動物の模式図 (カ)(ミ)(べ)
H：双曲因子（hyperbolic）	カ：核
O：単位因子	ミ：ミトコンドリア
P：放物因子（parabolic）	ヨ：葉緑体
E：楕円因子（elliptic）	べ：べん毛
"温暖化対策" ● 自明零点削減 ● 非コンパクトゼータを増やす	温暖化対策 ● CO_2 削減 ● 植物を増やす

あとがき

　オイラーを巡る旅はいかがだったでしょうか？オイラーには，まだまだ未解明のものがたくさん残っています．オイラーが書き残した式だけでも，解明にはあと 100 年はかかるでしょう．

　ちょうど，本書の校了まぎわの今，オイラー生誕 300 年の記念集会が，ここサンクト・ペテルブルグにて開かれています．その様子は付録に入っているスナップ写真で見てください．

　それでは，読者の方々が，さらにオイラー探検に励まれるよう期待しています．

2007 年 6 月 12 日　白夜のサンクト・ペテルブルグにてリーマン予想の日に
著者識す

索　引

■人名索引
アイヒラー (M. Eichler), 38
アダマール (J.S. Hadamard), 39
アーベル (N.H. Abel), 53
オイラー (L. Euler), 3
オレーム (N. Oresme), 18
ガウス (J.C.F. Gauss), 14
グレゴリー (J. Gregory), 51
グロタンディーク (A. Grothendieck), 41
ゴールドバッハ (C. Goldbach), 122
関孝和, 90
高木貞治, 53
谷山豊, 43
テイラー (R. Taylor), 41
ディリクレ (P. Dirichlet), 12
デモクリトス (Demokritos), 6
ド・モアブル (A. de Moivre), 122
ド・ラ・ヴァレ・プーサン (C.J. de la Vallée-Poussin), 39
ドリーニュ(P. Deligne), 38
ハーディ(G.H. Hardy), 36
バーンズ (E.W. Barnes), 108
ピタゴラス (Pythagoras), 6
ヘッケ (E. Hecke), 37
ヘルダー (O. Hölder), 53
ベルヌーイ (Jakob Bernoulli), 90
マーダヴァ(Mādhava), 51
メルセンヌ (M. Mersenne), 15
モーデル (L.J. Mordell), 37
ヤコビ (C.G. Jacobi), 53
ライプニッツ (G.W.v. Leibniz), 51
ラマヌジャン (S.A. Ramanujan), 36
ラモロー (S.K. Lamoreaux), 70
リーマン (G.F.B. Riemann), 38
ワイルズ (A. Wiles), 42

■欧字先頭和文索引
ε-δ 論法, 72
N 倍角の公式, 168
N 分値, 168
p 進世界, 149
q 解析, 154

■事項索引
●あ行
アフィン リー環の指標公式, 154
アーベル関数, 53
アレクサンドル・ネフスキー寺院, 5
因数分解, 124
宇宙の基礎力, 132
エル関数, 11
円周率, 44
オイラー作用素, 105
オイラー積, 22
オイラー積表示, 139
『オイラー全集』, 116

オイラー定数, 20, 112, 143
オイラーの公式, 122
オイラーの五角数定理, 153
オイラーの定積分, 58, 146
オイラーの定理, 16
オイラーの和公式, 80
オイラー瀑布, 67
オイラー和公式, 143
温暖化対策, 179

●か行
解析接続, 84
解析接続後の値, 132
核, 179
カシミールエネルギー, 4, 70
カシミール力, 70
加法公式, 170
完全数, 16
ガンマ関数, 95
行列式表示, 108
極, 104
虚の零点, 104
繰り込む, 70
クロトーネ, 6
クロトン, 6
形式群, 171
原子, 6
原子論, 6
光合成, 179
高次平均極限, 71
高次のゼータ, 36
交代級数, 132
五角数, 153
固有空間, 104
コンパクトゼータ, 179

●さ行
最小反例, 25
作図法, 14

佐藤-テイト予想, 36
作用素, 108
三角関数, 52
三角関数の一般化, 54
サンクト・ペテルブルグ, 5
酸素, 179
自然数全体の和, 67
自然数全体の和の公式, 67
自然数の逆数の和, 18
自然対数, 19
しだれ桜, 66
実数世界, 149
実の零点, 104
自明零点, 179
定規とコンパス, 14
条件付素数分布, 36
植物, 179
振動, 75
数学研究法, 35
数学最高の難問, 38
数論ゼータ, 179
スキーム論, 40
スターリングの公式, 86
正規化された多重三角関数, 108
生物, 179
ゼータ, 3, 24
ゼータ関数, 11
ゼータ関数の関数等式, 136
ゼータ関数論, 139
ゼータ元年, 139
ゼータ正規化積, 145
ゼータ正規積, 98
ゼータと波, 108
ゼータと量子力学, 70
ゼータの値, 126
ゼータの関数等式, 70
ゼータの繰り込み表示, 85

ゼータの積分表示, 95
ゼータの積分表示式, 142
ゼータ風物誌, 110
ゼータ惑星, 179
素因数分解の一意性, 24, 139
素因数分解表示, 24
双曲因子, 179
素数, 6
素数オイラー定数, 29
素数と自然数との関係, 22
素数の逆数の和, 9, 22
素数の逆数の和は無限大, 141
素数は無限個ある, 141
素数論, 6
素数を作り出す, 7
素数をまとめあげたもの, 24
素数定理, 39

●た行
対称性, 70
対称な関数等式, 104
対数積分, 38
楕円因子, 179
楕円関数, 53
楕円曲線の対称積, 42
多重ガンマ関数, 108, 168
多重三角関数, 53, 168
七夕, 110
谷山予想, 43
楽しい等式の宝庫, 66
多変数版のオイラー作用素, 108
タミール語, 43
単位因子, 179
地球, 179
超越数, 122
超絶技巧的な値, 149
ディリクレの定理, 35
デデキントの η 関数, 170

でんぷん, 179
等比級数の和の公式, 28
動物, 179

●な行
波, 104
2項係数, 91
二酸化炭素, 179

●は行
バーゼル, 5
発散級数, 70
万物は数なり, 6
光, 179
非コンパクトゼータ, 179
非対称な関数等式, 104
ピタゴラス学派, 6
ピタゴラス学校, 6
ヒルベルトとポーヤの予想, 104
ヒルベルト–ポーヤ作用素, 179
フェルマー素数, 12
フェルマー予想, 12
フーリエ変換, 38
平均極限, 71
平均数列, 72
平方数の逆数の和, 44
べき級数, 67
ベルヌーイ数, 90
ベルヌーイ多項式, 91
べん毛, 179
放物因子, 179
保型形式, 42
保型形式論, 154, 178
本質的零点, 38

●ま行
未踏峰, 66
ミトコンドリア, 179
ミトコンドリア DNA, 179

緑のインク, 43
無限次元行列, 108
無限積分解表示, 52
「無限積 = 無限和」型等式, 139
無限素点, 179
無限大, 3
無限大数, 122
「無限和 = 無限積」型公式, 124
明公式, 179
メビウス関数, 38
メビウスの逆変換, 113
メルセンヌ素数, 10
メルテンスの定理, 29

●や行
葉緑体, 179
葉緑体 DNA, 179

●ら行
ラマヌジャン予想, 38
リーマン予想, 38, 141
リーマン予想の日, 110
零点, 104
連分数展開の美しさ, 149

●わ行
ワリスの公式, 87

【著者】
黒川　信重（くろかわ　のぶしげ）
東京工業大学理学部数学科卒業．
東京工業大学大学院理工学研究科教授．理学博士．
専門：数論，ゼータ関数論．

シュプリンガー数学リーディングス　第11巻
オイラー探検　無限大の滝と12連峰

平成 24 年 1 月 20 日　発　　　行
令和 6 年 2 月 20 日　第 5 刷発行

著作者　　黒　川　信　重

編　集　　シュプリンガー・ジャパン株式会社

発行者　　池　田　和　博

発行所　　丸善出版株式会社
　　　　　〒101-0051　東京都千代田区神田神保町二丁目17番
　　　　　編集：電話 (03) 3512-3263／FAX (03) 3512-3272
　　　　　営業：電話 (03) 3512-3256／FAX (03) 3512-3270
　　　　　https://www.maruzen-publishing.co.jp

© Maruzen Publishing Co., Ltd., 2012
印刷・製本／大日本印刷株式会社

ISBN 978-4-621-06557-0　C3041　　　　　　Printed in Japan

JCOPY 〈（一社）出版者著作権管理機構　委託出版物〉
本書の無断複写は著作権法上での例外を除き禁じられています．複写される場合は，そのつど事前に，(一社)出版者著作権管理機構(電話 03-5244-5088, FAX 03-5244-5089, e-mail：info@jcopy.or.jp) の許諾を得てください．

本書は，2007年10月にシュプリンガー・ジャパン株式会社より出版された同名書籍を再出版したものです．